감성과 정보를 한 권에 담은

인천
섬산
20

山

인천 섬산 [가나다순]

차로 갈 수 있는 명섬 [연륙교 있는 섬]

북한 조망 명섬

모래 해변 아름다운 명섬

백패킹 명섬

산행이 즐거운 등산 명섬

당일치기 여행 명섬

01 강화도
02 교동도
07 무의도
11 석모도
14 신도 시도 모도
16 영종도
17 영흥도
19 장봉도
20 주문도

1박 2일 여행 명섬

03 굴업도
04 대이작도
05 대청도
06 덕적도 소야도
08 문갑도
09 백아도
10 백령도
12 소이작도
13 승봉도
14 신도 시도 모도
15 연평도
18 자월도
19 장봉도
20 주문도

2박3일 여행 명섬

03 굴업도
06 덕적도 소야도
10 백령도
15 연평도

여행사 이용하면 편리한 명섬

05 대청도
10 백령도
15 연평도

당부의 말

섬 밖을 나간 적이 평생 두 번 밖에 없다는 할아버지를 만났다. 일행이 "작은 섬에서 답답하지 않으셨냐"
묻자, "서해 전부가 내 집인데 답답할 게 뭐가 있냐"고 되물었다. 망망대해가 집이고, 섬이 안방인 것이다.
대부분의 섬사람은 마주쳤을 때 질문을 하면 자기 섬에 대해 상세히 알려주었다. 묻지 않은 것까지
알려주는 경우가 대부분이다. 내 안방을 찾아온 손님에게 방 구조를 설명하는 것과 마찬가지다.
손님이 안방에 쓰레기를 버리고 가거나, 바닥에 장작을 피우고 간다면 어떨까. 작은 섬은 밤에 시끄럽게
하면 소리가 울려 잠귀 밝은 마을 주민들은 잠을 설친다. 그럼에도 손님이라 생각해서 잔소리 하지
않는다. 매주말 반복되면, 주민들의 인내심도 한계에 이르게 될 터.
내륙의 많은 백패킹 명소가 일부 동호인의 실수가 쌓여 폐쇄되는 일이 많았다. 섬에서는 반복되지
않았으면 하는 바람이다. 분명 잘못하는 10%가 나올 것이다. 나머지 90%의 우리 여행객과, 산꾼과
백패커와 낚시꾼과 일반인들이 줍고 치우자. 내가 누렸던 섬의 감동을 다음 사람에게 이어주고, 주민들과
상생했으면 하는 바람이다.
그 섬의 바람과 윤슬, 숲 향기, 습도, 숨 막히도록 강렬하던 아무도 없는 해변의 노을까지 전하고 싶다.
이제 그 섬에서 여러분이 감동 받을 차례다.

신준범 월간山 취재팀장

01 강화도 江華郡

마니산 472m(인천 강화군)
고려산 436m **혈구산** 460m
배편 강화대교와 초지대교 있어 김포에서 차량
접근 가능
주의 사항 주말에는 관광객 차량이 몰려 정체가
있으므로, 아침 일찍 나서거나 평일에
찾으면 쾌적하다.
매력 산, 해변, 문화재, 먹거리, 무엇 하나 빠지지
않는 이상적인 섬 여행지
추천 일정 당일치기
산행 난이도 ★★★☆☆
(암릉 구간은 계단 우회로 정비 잘되어 있어)

김포　　　　　　강화대교 또는 초지대교　　　　　　강화도

인천 최고봉, 폭발력 있는 능선의 굴곡

강화도 최고봉이자 인천 최고봉인 마니산 산행에
나선다. 단군이 제사를 지냈다는 설화가 아니더라도,
강력한 검은 실루엣은 시선을 당기는 힘이 있다.
강화의 다른 산과 대번에 구분되는 압도적 폭발력이
능선의 굴곡에 실려 있다. 바위산 특유의 마력이
있어 산 좀 타본 사람이라면, 그냥 지나치기 어렵다.
들머리는 정수사이다. 등산객은 우리뿐이고 낙엽에
길이 전부 사라지다시피 했다. 산길이 모호하지만,
어차피 계곡을 따르는 코스라 망설임 없이 치고
오른다. 안내판이 제 길을 가고 있음을 알려 준다.
'사랑의 하트석' 푯말 아래에 귀여운 하트 문양이
바위에 톡 튀어나와 있다. 누군가 부러 양각 조각을
한 것 같은 자연 하트 모양이라 신기하다. 가파른
계곡을 잠깐 올려치자 능선이다. 앙상한 굴참나무와
신갈나무숲이 회색 산을 이루었다. 저 어두운 회색은
가식 없는 산의 진심이다. 초록이 아닌 회색,
형식을 걷어낸 순수한 산이다.

암릉산행의 즐거움

'추락사고 위험구간' 안내판이 반갑다. 초보자나
술을 마신 사람에겐 위태로운 구간이지만,
암릉산행을 즐기는 이들에겐 산행의
즐거움이 압축된 꿀맛처럼 재미있는 구간의
시작이다. 보이는 것과 달리 대부분 주의하면
어렵지 않으며, 정말 위험한 곳은 우회로나
고정로프, 난간이 있어 집중력만 유지하면
상당히 안전하고, 중독될 만큼 재미가 큰 것이
암릉산행이다.
거침없는 바위의 향연이 산꼭대기까지 이어진다.
마침 미세먼지 없는 축복 받은 날이라, 순도
높은 파랑이 깨끗한 도화지마냥 바위의 굴곡을

돋보이게 한다. 100m 넘는 절벽의 압도적인
고도감이 주는 특유의 시원함이 덮친다. 남쪽으로
갯벌이 넓게 반짝인다. 모든 것이 맑다. 바다도
갯벌도 깨끗한 은빛으로 맑게 반짝이며, 동시에
고요하다. 이토록 아름다운데 한마디 자랑 없는
깊이 있는 성품에 마음이 끌린다.

경치 압도적인 마니산 정상
걸걸한 바위의 행진이 정상으로 친절하게
이어진다. 아무렇지 않게 툭툭 터지는 경치를
귀하게 음미한다. 마니산 벼랑 끝에 서서 바다를
보노라면 바람의 살결이 느껴진다. 산란처를 찾는
어미의 몸짓처럼 능선 곳곳을 누비다 우리를
만지는 바람. 아늑하게 멈춘 풍경을 눈길로 만진다.
세상의 시간이 여기서는 통하지 않는다. 멈춰 있는
풍경이 한참 동안 마음을 도닥이는 연유는 늘

그렇듯 알 수 없다. 어느 시인의 말처럼 느리게
바위산 오르는 것은 젖은 마음 햇볕에 꺼내
말리는, 사소하지만 뽀송뽀송한 촉감의 기분
좋은 일과 같다.
왁자지껄한 정상에 올라서자 비로소 시간이
빠르게 흐른다. 대부분의 등산객이 상방리
매표소에서 오르는 통에 헬기장이 있는 정상은
시장처럼 붐빈다. 사람이 몰리는 건 이유가
있다. 경치가 압도적이라 1시간을 머물러도
지루하지 않을 것 같다. 참성단에 올라서면
신성함을 더한 경치가 더 광활하게 펼쳐진다.
정상 표지목에서 기념사진을 찍고 산길로
들자, 다시 산이 침묵한다. '단군로'라 이름 붙인
산길로 하산한다. 강화도의 힘은 마니산 능선에
깃들어 있는 걸까? 산행이 끝나도 지치지
않는다.

영변의 약산 아닌 혈구산 진달래꽃

어느 봄날 혈구산을 찾았다. 혈구산穴口山은 과소평가 된 명산으로 마니산에 이어 두 번째로 높고, 역사도 깊다. 혈구산의 이름은 고구려 시대 강화도 지명인 혈구군穴口郡과 신라 시대에 만든 성터인 혈구진에서 유래했다. 1,000년 전부터 강화를 '혈구'라고 부른 것은 한강과 바다가 만나는 합수점의 섬이라 내륙으로 들어가는 구멍으로 여겨 그리 불렀을 것이라 추측한다.

대표적인 산행 기점인 고비고개에서 산행을 시작한다. 시작부터 밀당(밀고 당기기) 없이 진달래는 저돌적으로 애정을 표현한다. 잎보다 꽃을 먼저 낸 진달래의 극단적인 고집. 큰 나무도 가지가 앙상한데, 먹고 사는 일보다 사랑을 택한 용기가 놀랍다. 늘 맞는 봄은 어김없이 놀랍다.

귀싸대기 맞아도 기분 좋은 진달래 터널

산세도 화끈하다. 코가 땅에 닿을 듯한 비탈이 성깔을 부린다. 묵묵히 발로 감내하는 것이 산꾼의 방식, 심장이 크게 두근거린다. 300m대로 올라서자 능선이 조금 누그러진다. 위성봉 우회로에 들어섰다가 진달래에 취해 주능선 길을 놓치고 말았다. 지도를 보니 어차피 우회해 선행리에서 정상으로 이어진 길과 만난다. 잘못 든 길은 아름다웠다. 가려 했던 길이 아니지만 되돌아가기엔 멀리 왔다. 최단 경로가 아닌 탓에 아무도 없이 조용한 산길. 진달래는 정글을 이뤘다. 귀싸대기 맞아도 웃음 짓는 건, 진달래 정글이라서다. 잘못 들길 잘했다. 정상이 다가오자 진달래 정글도 절정으로 치달았다. 고개를 숙여야 할 정도로 짙은 진달래

13

터널은 아찔할 정도로 감미로웠다. 꽃잎이 머리며 어깨를 붙잡을 때마다 '나를 두고 가시나'라고 묻는 것 같았다. 영변의 약산 진달래꽃은, 강화 혈구산 진달래꽃으로 바꿔 불러도 좋을 성 싶다. 진달래 터널을 빠져나오자 감당할 수 없이 화끈한 정상이다. 혈구산은 '이것이 정상의 맛!'이라며 시원한 풍경 한잔을 권한다. 숨을 몰아쉬며 정점의 바위에 올라 세상을 바라본다. 눈으로 삼키는 경치 원샷. 물만 마셔도 "캬"하는 소리가 절로 난다.

서해로 뻗은 산줄기의 음성을 따라 걸었다. 점점 낮아지는 산줄기의 지난겨울 이야기를 들으며 마음도 말랑말랑해졌다. 퇴미산 정상에서 강화 농업대학 쪽으로 내려섰다. 서울은 이미 벚꽃이 졌는데, 강화는 절정이다. 농경문화관 주차장에 이르자 아름드리 벚나무 한 그루가 40년간 이어온 사랑을 이야기하고 있다. 꽉 조여 맨 등산화 끈을 느슨하게 고쳐 묶고, 벚나무 곁에 서 있었다. 행복한 시간이 흘러가고 있었다.

철쭉으로 수놓은 핑크빛 산마루, 고려산

진달래철이 지나고 다시 고비고개를 찾았다. 강화도 북부의 명산 고려산(436m)을 오른다. 진달래철 지난 고려산은 마주치는 등산객 없이 한가롭다. 연극이 끝난 무대마냥 산길에 짙은 침묵이 깔려 있다. 백련사를 잇는 도로를 지나자 고려산의 백미인 진달래 능선이다. 연둣빛일줄 알았던 능선은 핑크빛으로 감미롭다. 능선 남쪽 사면이 온통 철쭉 꽃밭이다. 다들 감탄하며 행복감에 젖는다. 진달래철이었다면 평일에도 등산객이 몰려 줄을 서서 걸었겠지만, 천상화원은 우리의 독차지다.

능선 데크길을 걸을수록 마음도 분홍으로 번진다. 아쉽게도 정상은 너무 가깝다. 정상에 배낭을 내려놓고 철쭉 떨어지는 소리를 듣는다. 들리지 않는 소리에 귀 기울인다. 자극적인 디지털 쾌락에 상한 마음의 결이 다시 건강해지는 것만 같다.

테마별 길라잡이

산행이 즐거운 등산 명섬 마니산

산행 코스: 정수사~바위능선~정상~단군로~상방리
주차장
산행 거리 & 소요 시간: 6km, 3시간
길 찾기: 바위 벼랑 많지만 난간과 계단 시설 잘 정비 되어
있어.
명소: 정상을 비롯한 바위능선.
매력: 장쾌한 암릉산행의 즐거움, 안전하게 즐기는 바위의 맛.

산행이 즐거운 등산 명섬 혈구산

산행 코스: 고비고개~정상~퇴모산~퇴미산~
농업기술대학
산행 거리 & 소요 시간: 6km, 3시간
난이도: ★★☆☆☆
길 찾기: 길을 잘못 들어도 대개 모든 길이 정상으로
이어지므로 어렵지 않다.
명소: 진달래철의 정상 일대.
매력: 진달래철에는 핑크빛 낭만을. 나머지 계절에는 고요한
파노라마 경치 누릴 수 있어.

산행이 즐거운 등산 명섬 강화도 고려산

산행 코스: 고비고개~정상~낙조봉~적석사~낙조대
산행 거리 & 소요 시간: 6km, 3시간
난이도: ★★☆☆☆
길 찾기: 산길이 선명하고 이정표가 있어 어렵지 않다
명소: 정상, 낙조대.
매력: 봄날의 진달래와 철쭉이 번갈아 피는 정상과 적석사
낙조대 노을의 황홀함.

차로 갈 수 있는 명섬, 강화도

정보: 서울에서 가까운 관광 명섬이자, 교동도와 석모도로
연결되는 관문이라 주말 차량 정체가 생긴다. 아침 일찍
가서 정체를 피하거나, 평일에 찾는 것이 쾌적하다.
드라이브 코스: 북한 접경 지역인 북부를 제외하고, 모든
해안선이 드라이브 코스로 손색 없다. 김포와 인접한 동쪽
해안선은 봄날의 벚꽃이 장관이다.
해안선의 돈대를 산책하는 것도 좋다. 강화대교~동부
해안선~남부 해안선을 거쳐 동막해수욕장에서 마무리하는
코스가 일품.

당일치기 여행 명섬, 강화도

추천 일정 1: 연무당옛터주차장~남산 정상~산성남문~
읍내 맛집 여행~강화나들길15코스.
추천 일정 2: 선두5리어판장 주차장~강화나들길8코스~
해산물 식당~동막해변(8코스 마무리).
추천 일정 3: 정수사~마니산 산행~정수사~바다 경치
좋은 카페와 식당.
추천 일정 4: 전등사~정족산 산성 산행~전등사~
동막해수욕장~바다 경치 좋은 카페.

맛집(지역번호 032) 진강산 부근의 금성(937-8559)
중식당은 짜장면이 2,000원이다. 탕수육(小 8,000원),
짬뽕(7,000원), 간짜장(6,000원)도. 저렴한 가격치곤
맛과 양이 나쁘지 않다. 강화도는 해산물 외에도 수제버거
맛집이 많다. 강화도에만 10여 곳의 수제버거 전문점이
있으며, 해안가의 식당은 바다 경치와 푸짐한 음식을 함께
곁들일 수 있어서 풍미가 배가된다. 강화도 남부의 선두5리
어시장, 선두4리 어시장과 분오리판장에는 해산물
전문식당이 늘어서 있다. 고기잡이 배를 운영하는 선주들이
직접 운영하는 식당들이라 해산물이 싱싱하며 자연산 회의
식감이 쫄깃하다. 강화읍내에도 소문난 맛집이 많다.
강화집(934-2784)은 닭요리탕에 9가지 반찬이 나오는
백반이 유명하다. 강화버스터미널 건물 2층의 중식당
금문도(933-0833)는 줄서서 먹는 맛집. 강화도 순무와
고구마튀김, 강화쑥으로 만든 강화속노랑짜장, 강화
순무탕수육, 강화 백짬뽕이 별미다. 오후 3시까지 영업.

숙소 강화도 전역에 숙소가 많다. 남쪽 해안선에 경치 좋은
펜션이 몰려 있다. 숙박 앱을 이용하면 가성비 숙소를
찾는데 도움이 된다.

지도 특별부록 대형지도 참조

02 교동도 喬桐島

화개산 260m(인천 강화군 교동면)
배편 강화도 잇는 교동대교 있어 차량 통행
　　　가능
주의 사항 주말 아침 일찍 출발해야 정체
　　　　　피할 수 있어
매력 화개산 북한 땅 조망, 대룡시장
　　　미식기행, 서정적인 남부 해안선
추천 일정 당일
산행 난이도 ★☆☆☆☆
(화개정원 전망대에서 정상 연결 통로 없어)

●┄┄┄┄┄┄┄┄┄┄┄┄┄●┄┄┄┄┄┄┄┄┄┄┄┄┄●
강화대교 & 초지대교　　　　교동대교　　　　　　　교동도

서울에서 가깝지만 북한 땅과 2.6km

군 검문소 지나 교동대교를 통과하자 공기가
바뀌었다. 교동도에 들어선 것이다. 더 정확히는
소음이 줄었다. 가을을 향해 물들어가는 논과
사막처럼 넓은 갯벌. 자연의 넓이만큼 육중한 침묵이
지그시 공기를 누르고 있었다. 북한과의 거리가
2.6km에 불과할 정도로 가깝다는 것이 믿어지지
않을 정도로 서울과 가깝다. 조미옥 · 최동혁씨와
함께한다.

교동대교와 월선포, 세월의 간극

바깥세상과 이어주는 유일한 뱃길 관문이던 월선포.
북적이던 그 옛날 인파 없이 정적만 감돈다. '선착장
대합실' 간판이 남아 있는 건물은 부동산 사무소가
되었고, 차박 온 노부부가 세월 뒤에 돌아앉은
포구의 고요를 교향곡마냥 음미하고 있었다. 포구
앞에는 태풍의 눈 같은 바다가 있다. 헤라클라스의

풀무질 같은 거대한 힘의 물결이 소용돌이친다.
바다 건너엔 석모도 상주산이 검은 실루엣으로 솟아
뻗었고, 그 사이로 강 같은 바다가 흐르고 있었다.
제비를 따라 걸으면 수평선 끝으로 갈 수 있는
은밀한 제방길이 나온다. 교동도의 옛 이름인
'달을신達乙新'에서 유래한 강화나들길 9코스
'다을새길'. 제비가 떠나는 가을이면, 월선포
앞바다는 더 깊어진다. 배를 만들던 마을에
둥근 달이 뜨면 바닷물 속에도 달이 있어, 달의
신선이 내려앉을 풍경이라 하여 이름이 유래하는
월선포月仙浦. 그 귀퉁이에 제비 조형물이 있어,
다을새길의 시작을 알린다.

단순명료한 외길로의 망명

수평선까지 걷고 싶은 날, 교동도에 가야 한다.
한없이 막막한 남쪽 해변에 서면, 파도치지 않는
것만 같은 고요한 바다가 슬그머니 등을 쓰다듬는다.

침묵하는 바다가 있다는 걸, 교동도에 와서야 알았다. 말수 없는 속 깊은 여인처럼, 해변 가득 들어찼다가 슬그머니 떠나는 바다. 생색 내지 않는 거대한 흐름에 맞춰 걷노라면, 여물지 못한 마음이 단단해진다. 한참을 걸어도 바뀌지 않는 경치. 느긋하게 물들어가는 칠면초길은 쉴 새 없이 달려온 도시인을 딱 멈춰 세우는, 어떤 안도감이 있다. 단순명료한 외길로의 망명. 복잡했던 감정의 덩어리들이 속에서 빠져나와 허공으로 흩어지는, 자연의 느긋한 경지에 슬쩍 숟가락 얹는 순간이었다.

교동도는 평화와 풍요가 특산품
벼가 무르익고, 해안선이 붉게 물드는 가을이면 '평화와 풍요의 섬'이라는 교동도의 슬로건이 참말임을 알게 된다. 서울에서 한 시간 거리에 깃든 평화와 풍요. 누군가 이 섬의 특산품이 뭐냐고 물으면, 새우젓과 쌀이 아닌 '평화와 풍요'라고

말하게 될지도 모른다. 다을새길을 걸으면, 저수지와 바다 사이로 난 제방길. 짧은 바다 너머로 석모도 상주산이 굴곡진 선을 풀어내며 흘러간다. 저수지와 바다 사이, 고요한 두 개의 수면 사이로 난 나들길은 마음을 진정시키는 힘이 있어, 걸을수록 평화가 깃든다. 1km를 걸어도 변하지 않는 두 개의 수면을 따라 걸으면, 치열하게 살아내느라 날카로워진 신경이 둥글게 누그러지기도 한다. 간혹 사람 마음을 어루만지는 길이 있다.

오동나무처럼 단단한 교동읍성
삼국시대부터 '오동나무가 우뚝한 섬'이라 하여 교동도喬桐島라 불렸다. 교동도란 이름으로만 1,000년가량 불린 뿌리 깊은 섬이다. 지금도 키 큰 나무들만 보면 '오동나무인가?'하고 들여다보게 만드는, 잔잔한 재미가 있다. 1629년에 지은 조선시대의 흔적인 교동읍성. 이제는 인천광역시

기념물로 남은, 세월을 초월한 성문 앞에 서면, 고려 희종과 조선 연산군의 유언이 바람에 실려 올 것만 같다. 두 왕은 교동도에 귀양 온 후 숨을 거뒀다. 고려와 조선의 왕이 귀천한 희귀한 섬인 것.

타임머신 타고 온 듯한, 대룡시장

대룡시장은 교동도의 종로다. 서울 중심가 먹자골목처럼 먹거리와 볼거리로 가득하다. 시골 특유의 시장 분위기와 젊은 상인들의 활력까지 더해져 2020년대와 1960년대가 뒤섞인 기묘한 분위기를 즐길 수 있다.

시장 한 가운데의 교동이발관은 간판으로만 남았다. 실향민 출신의 이발사는 세월의 뒤로 물러나고, 술빵집이 되었다. 대룡시장은 6·25 때 황해도 연백군에서 피란 온 주민들이 모여서 만든 시장이다. 생계를 유지하기 위해 연백시장의 모습을 재현한 골목시장이며, 60여 년 동안 교동도의 중심가로 자리 잡아 왔다. 교동도를 찾은 관광객들의 필수 코스가 되었다.

새로운 명소, 화개정원

2023년 개장한 화개정원은 강화군에서 382억 원을 투입해 화개산 일대에 조성된 최신 시설이다. 산 아래의 조선시대 연산군 유배지는 정원으로 꾸몄고, 해발 250m의 능선에는 이곳에 서식하는 저어새를 미래 지향적인 디자인으로 재해석한 '스카이워크형 전망대'를 설치했다. 또 민자를 유치해 정상까지 모노레일을 설치해 역사성과 흥행성을 모두 잡았다는 평가를 받았다. 개장 6개월 만에 누적 방문객 30만 명을 돌파했을 정도로 인기 있는 교동도의 새로운 명소.

화개산은 빛날 '화華'에 덮을 '개蓋'를 이름으로 쓰는데, 산의 모습이 '솥뚜껑을 덮어 놓은 것 같다'하여 유래한다. 정상에 산불감시 초소와 너른 터가 있으며, BAC 섬산100 프로그램 인증지점이라 산행으로 정상을 찾는 이들도 많다. 다만 능선의 전망대에서 정상으로 이어진 산길 통행을 금지하고 있어, 화개정원 주차장에서 산행으로 올라야만 정상에 닿을 수 있다.

북한 땅과 5색 테마공원 구경

화개정원은 5색 테마정원으로 나뉜다. 역사를 담은 문화정원, 시골 정취를 담은 추억의 정원, 북한 땅을 전망하는 평화의 정원, 사람에게 유용한 식물로 꾸민 치유의 정원, 저수지 경관을 살린 물의 정원이다. 역사·문화 정원은 연산군이 소달구지를 타고 유배 온 장면과 생활상을 재현해 놓아 역사의 현장을 누구나 이해하기 쉽게 꾸며놓았다.

9인승의 작은 모노레일은 무인으로 운영된다. 케이블카나 곤돌라에 비하면 느릿느릿하지만 가파른 지능선을 따라 숲을 관통해 오르는 색다른 재미가 있다. 천천히 경치를 즐기며 급경사 구간에서는 안전한 스릴을 체험하게 된다. 화개정원의 하이라이트는 주능선의 스카이워크 전망대이다. 단순한 전망데크가 아닌 3~4층 규모의 전망타워이며, 미래 지향적인 디자인으로 기존 전망대의 틀을 깼다는 평가를 받는 교동도를 대표하는 상징적인 건물이다. 전망대는 저어새의

긴 부리와 눈을 본 따서 만들었다. 전망대에서는 교동도를 북쪽에서 감싸고 있는 북한 땅이 넓게 펼쳐진다. 종주하고 싶은 북한의 산줄기가 길게 드러나는데, 많은 생각을 하게 하는 북녘 땅은 2020년대 새로운 기념사진 명소로 급부상하고 있다.

노약자라면 모노레일을 타고 내려오는 것이 효율적이며, 일반인은 걸어서 하산하는 것도 좋은 방법이다. 내리막 임도를 따라 1km만 걸으면 화개정원 입구에 닿는데, 5가지 테마의 정원을 구경하며 내려갈 수 있다.

화개정원에서 도로를 따라 2km를 가면 고구저수지에 닿는다. 북쪽의 큰 저수지와 남쪽의 작은 연꽃 저수지가 있다. 연꽃 저수지는 그야말로 연꽃으로 가득한 기념사진 명소. 연꽃 저수지 가운데까지 걸어 들어갈 수 있는 데크와 팔각정이 있다. 교동도를 떠나는 길에 들를 만한 향기로운 명소이다.

북한 조망 명섬, 교동도

교동도는 북한 황해도와의 거리가 3km도 되지 않는다.
한강과 임진강의 물이 강화도와 교동도를 지나 서해로
흘러간다. 북한 땅인 황해도 연안군이 반도 형태로
남쪽으로 길게 뻗어 있다. 교동에서 보이는 북쪽
산줄기와 북서쪽 산줄기는 북한 땅이다.

추천 전망대 1 화개정원: 모노레일을 타고 화개산
주능선에서 편안히 북한 땅을 살펴 볼 수 있다. 전망대에는
카페가 있어 음료와 경치를 함께 즐길 수 있다. 정원
입구에서 전망대까지 1km 임도를 따라 오르면 전망대에
닿는다. 입장료 5,000원. 모노레일 이용료(왕복만 가능)
1만 3,000원.

추천 전망대 2 교동도 망향대: 섬 북쪽 끄트머리에 있어,
전망대의 망원경을 통하면 북한 주민들이 걸어 다니는 것도
보인다. 별도의 입장료는 없는 소박한 전망대이며, 북한을
3km 거리에서 볼 수 있다. 네비게이션에 정확한 위치가
표시되지 않으므로 구글맵을 참고해야 한다.

주소: 교동면 지석리 산 129

차로 갈 수 있는 명섬, 교동도

가는 방법: 김포에서 강화대교 또는 초지대교로 강화도로
진입하여, 강화읍을 지나 교동대교를 건너면 된다.
주차장: 월선포 앞 무료 주차장, 대룡시장 교동제비집 앞
무료 주차장. 화개정원 무료 공영주차장.
대중교통 이용: 강화읍내 강화터미널에서 18번

버스(06:10~20:30)를 타면 닿는다. 70분에서 100분
간격으로 운행하며 하루 11회 운행한다.

당일치기 여행 명섬, 교동도

도보 추천 코스 1 강화 나들길 9코스: 월선포~남쪽
해안선~교동읍성~대룡시장 6km 단축 코스
자전거 추천 코스: 화개산을 제외하면 대부분 완만하여
자전거로 둘러보기 제격이다. 월선포에 주차 후 자전거로
섬을 둘러보는 것을 추천. 마을협동조합에서 운영하는
대룡시장 교동제비집(032-934-1000)에서는 자전거를
대여해 준다. 2~3시간에 1만 원 정도. 시장 주차장에 차를
세우고, 자전거를 대여하여 둘러보는 것도 합리적인 교동도
여행법이다.

화개산 산행 코스

화개산 정상은 화개정원 전망대에서 300m 떨어져 있다.
안타깝게도 전망대에서 산길이 지척에 있으나 연결 통로가
없다. 정상을 다녀오려면 화개정원 입구 좌측의 산길로
40분 가량 올라야 정상에 닿을 수 있다. 강화나들길 9코스
따를 경우 정상을 거쳐 대룡시장과 남부해안선, 교동향교를
두루 거치는 16km 장거리 코스가 된다. 하산은 능선을
따라 교동고등학교로 내려서면 대룡시장과 가까워 교통이
편리하다. 산행 거리는 3km이며 2시간 소요.

맛집 대룡시장 맛집 투어가 빠지면 교동도 여행을
다녀왔다 말하기 어렵다. 복고풍 먹거리와 황해도 음식,
서해안 특유의 해산물 등이 주를 이룬다. 간식거리로 교동
핫도그, 호떡, 팥죽, 식혜, 빵류, 과자류, 떡을 비롯한 한 끼
식사로 좋은 황해도식 냉면, 국밥, 새우젓을 넣어 간을 맞춘
젓국갈비, 이북식 만두전골, 밴댕이무침, 밴댕이회가 주요
메뉴이다. 복고풍 다방의 쌍화차도 유명하다.

숙박 숙소는 섬 곳곳에 나누어 있다. 농촌 교육장을 겸한
강화도교동아일랜드카라반(010-9905-5858)은 미국식
대형캠핑카에서 일박하는 색다른 경험을 할 수 있다.
유정천리펜션(010-8916-0428)은 남산포 부근에 있다.
화개산펜션(0507-1349-3024)은 넓은 잔디밭과 깔끔한
시설을 갖추었으며, 고구리저수지펜션(032-933-
4249)은 저수지 전망이 운치 있다.

교동면

강화군 교동도

인천광역시

고양이산

북한

N

0   0.5   1km

© 동아지도, 제공

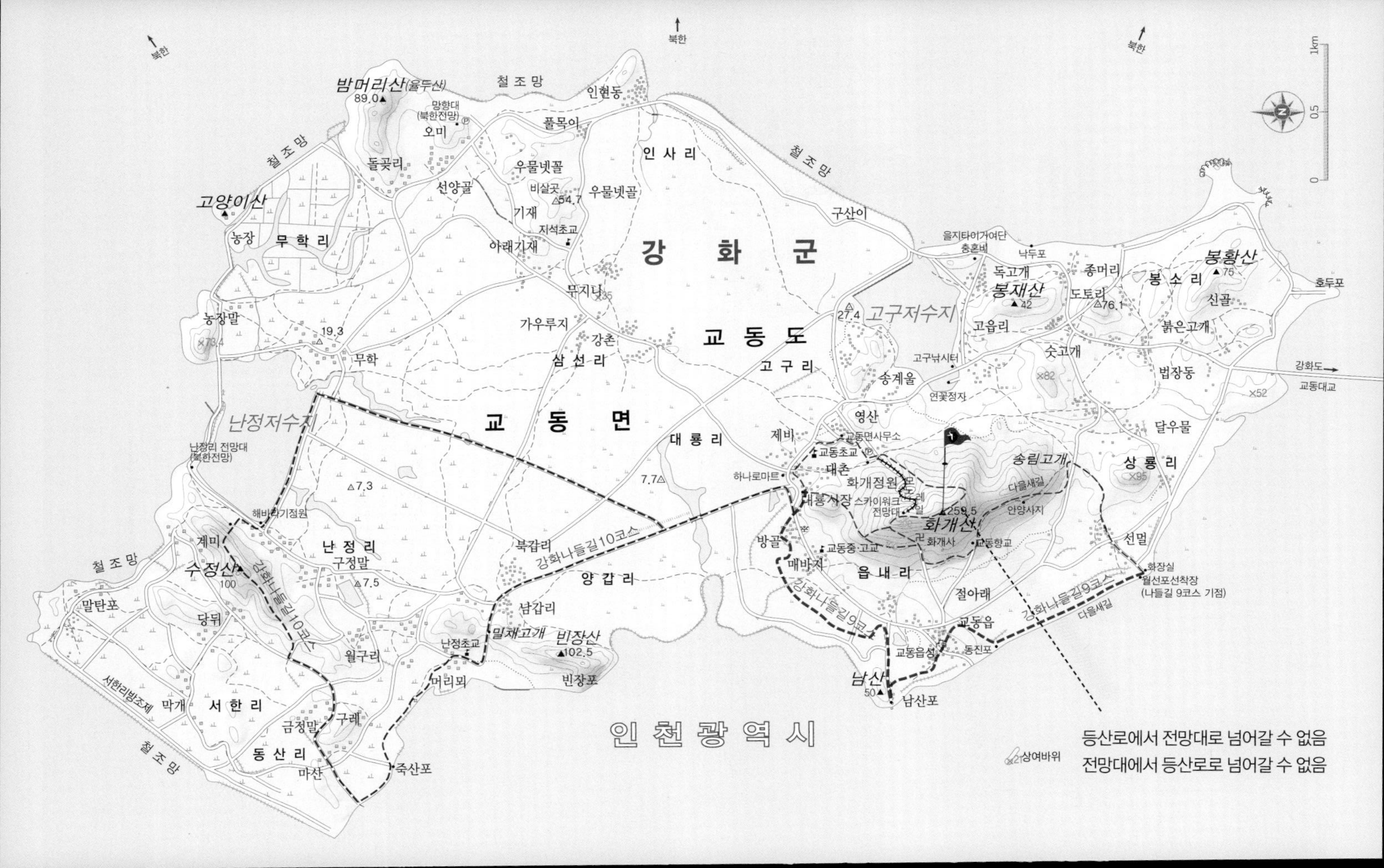

남산포

산이포

석모도

별망포

죽산포

난정저수지

난정리

고읍리

서한리

동산리

무학리

농장리

봉소리

오리

인사리

인화포

가마지

상룡리

삼선리

대룡리

양갑리

읍내리

고구리

고구저수지

송계동

봉소고개

봉소리

봉황산

화개산 259.5

화개사

교동초교

교동향교

교동읍성

동진포

읍내리

등산로에서 전망대로 넘어갈 수 없음
전망대에서 등산로로 넘어갈 수 없음

03 굴업도 掘業島

덕물산 137m (인천 옹진군 덕적면)
배편 인천항 연안여객선터미널→70km 짝수일
3시간 소요/ 홀수일 4시간 소요→ 굴업도
주의 사항 짝수일과 홀수일 해누리호
소요 시간 달라
매력 사람 마음을 쥐락펴락 하는 감미로운
수크령 초원의 하룻밤
추천 일정 2박3일
산행 난이도 ★★☆☆☆
(들머리 희미하고 짧지만 가팔라)

70km

인천항
연안여객선터미널

짝수일 3시간 소요
홀수일 4시간 소요

굴업도

굴업도 서쪽 끝, 폭풍의 언덕

'모든 것이 없어져도 그가 남아 있다면 나는 살아갈 거야. 하지만 모든 것이 남고 그가 없어진다면 온 세상은 낯선 곳이 되고 말거야.' 영국 작가 에밀리 브론테의 〈폭풍의 언덕〉 한 구절을 떠올리게 하는 섬이다. 무슨 일이 생길 것 같은 하늘, 바다를 향해 흘러가는 황금빛 뱀의 몸짓 같은 초원, 재킷을 거칠게 풀어헤칠 듯 불어 닥치는 바람, 비릿한 바다 향기에 섞인 풀냄새까지, 길들여지지 않은 날것 그대로의 풍경은 황량하면서 아름답다. 금방이라도 사랑과 증오, 집착으로 휩싸인 히스클리프 같은 사내가 나타나 캐서린 같은 여인의 언덕을 헤집어 놓을 것만 같았다. 굴업도를 백패킹 성지로 만든 이 언덕은 그만큼 강렬했다. 우리나라에서 굴업도에서만 볼 수 있는 독특한 매력이 있어, '개머리언덕'으로 불리기엔 아까웠다. 김성혁 · 최용진 · 김민선씨와 함께한다.

엎드려서 일하는 섬 모양에 이름 유래

인천항에서 70km 떨어진 굴업도는 평일인데도 백패커들이 여럿 보였다. 덕적도에서 나래호를 갈아타고 망망대해를 달렸다. 12시 15분 굴업도가 나타났다. 산이 먼저 보였다. 덕물산과 연평산이 쌍봉낙타처럼 솟았고, 사막 같은 목기미해변 옆으로 능선이 뻗었다. 지도를 보지 않으면 섬 전체를 헤아리기 어려운 묘한 모습이었다. 옛 이름은 '구로읍도鷗鷺泣島'인데 나라 잃은 고려의 유신들이 이 섬으로 도망가자 갈매기와 백로조차 울고 갔다는 전설에서 이름이 유래한다. 또 다른 설은 섬의 형태가 사람이 엎드려서 일하는 것처럼 생겼다 해서 굴업도掘業島란 이름이 생겼다고 한다. 굴업도 여행의 공식을 따르기로 했다. 선착장에서 미리 식사 예약해 놓은 민박집의 트럭을 타고 고갯길을 넘자 이 섬의 유일한 마을인 '큰마을'이 나타났다. 민박집의 가정식 백반은 성의 있고 맛깔스런 시골집 상차림이다.

쇼팽 피아노 선율 같은 해변

골목을 따라 몇 걸음 나서자 굴업도해변이다. 쇼팽의 피아노곡 '녹턴' 같은 바다이다. 티끌 하나 없이 깨끗한 우윳빛 모래와, 귀 기울이지 않으면 묵음에 가까운 낮은 어조의 파도 소리. 사람 한

명 없는 500m 길이의 해변은 내성적인 중년의
사내 같다. 아무도 찾아오지 않고 찾아갈 생각
없는, 사람에 대한 기대 없이 스스로 고요를 택한,
파란만장한 인간관계의 숲을 빠져나온 사내 같았다.
해변 끝으로 가자, 철망 사이 문이 보인다.
개머리언덕 가는 길이다. 문 옆에는 굴업도 땅
98%를 소유한 대기업에서 내건 경고 안내판이
보였다. 평화로워 보이는 굴업도는 파란만장한
세월을 거쳐 왔다. 한때 핵폐기장 유치로 몸살을
앓았으며, 어느 대기업은 골프장과 리조트를
건설하려고 섬의 땅 대부분 사들였다. 그러나
인천시와 환경단체의 반대로 무산되었다.

천연기념물 지정될 뻔한 섬
굴업도는 9,000만 년 전 화산 폭발 후 재가 날아와
쌓이고 쌓여서 만들어진 섬으로, 천연기념물 황새,
황구렁이, 매가 자생하는 보전 가치가 높은 섬이다.
문화재청은 '국내 어디서도 보기 힘든 해안 지형의
백미'라고 극찬하며, 굴업도 일부를 천연기념물로
지정하려 했으나 옹진군과 일부 섬 주민들의 반대로
무산되었다.
언덕에 올라서자 누렇게 겨울 채비를 한

수크령 초원이 펼쳐진다. 순한 눈망울의 황소
등걸마냥, 마음이 푸근해지는 언덕이다. 몇 발짝
올라서면 바다가 드러나고, 이어서 해안절벽과
산등성이가 풍경 자체로 명작이 된다. '한국의
갈라파고스'라고도 불리는데 에콰도르령
갈라파고스가 어떤 풍경인지 떠오르지 않아 가슴에
와 닿는 별칭은 아니지만, 지구 반대편 명소 이름을
가져올 만큼 이국적인 경치인 건 분명했다.

히스클리프의 광기에 휩싸인 개머리 언덕
낮은 산을 오르는 정면 길과 우회로가 있어,
정면으로 치고 올랐다. 짧은 바윗길과 숲을 오르자,
그 유명한 백패킹 명소인 개머리언덕 끄트머리였다.
수크령과 억새가 만발한 순하디 순한 능선이
부드럽게 바다를 향해 뻗어 있다. 전국의 백패커들이
새벽부터 고생을 감수하며 몰려올 만한 장면이다.
바닷바람이 날것 그대로의 감성을 풀어놓고 있었다.
먼저 온 백패커들이 경치 좋은 곳을 골라 알록달록한
텐트를 쳐 놓았다. 수크령 밭을 맨손으로 느끼며
걷노라면 새끼 강아지가 날름날름 혀로 핥으며
쫓아오는 것만 같았다.
아리따운 캐서린에게 빠져들던 히스클리프의 마음이

되어 결결이 달콤한 초원을 걸었다. 바람이 불어와 머릿결을 헝클어놓는 순간이 행복했다. 적당히 빈 곳에 텐트를 치고 휴대용 의자에 앉아 경치를 보고 있노라면, 계속 어딘가로 빠져드는 기분이었다. 쉘터에서 일행들과 저녁을 먹는데, "우르릉 쾅!"하는 천둥소리가 들렸다. 히스클리프의 광기가 재현된 것인가 싶을 정도로 가까운 곳에 천둥이 내리꽂는 걸, 소리와 지면의 떨림으로 체험했다.

137m 산의 만만찮은 역습!

백패커들이 잠에 취해 있을 때 일어나 텐트를 걷었다. 뱃시간이 되기 전에 덕물산을 오를 계획이다. 폭풍의 언덕을 지나 어제 가보지 못한 우회로를 걸어 큰마을해수욕장에 내려섰다. 아침식사를 예약해 둔 민박집에서 배를 채우고 덕물산(137m)으로 향했다.

목기미해변은 기묘하다. 사막 같은 해변을 지나야 닿는 덕물산과 연평산은 영화에서 본 듯한 인류 멸망 후의 모습 같다. 유적처럼 늘어선 쓰러지기 직전의 전봇대 행렬과 낡은 쓰레기들이 모래에 반쯤 묻혀 있다. 40여 년 전 덕물산과 연평산 사이 안부에 '작은마을'이 있었으나 모두 섬을 떠나고 '큰마을'만 남았다. 낡은 집터 흔적을 지나자 화석 같은

코끼리바위에 이어 붉은모래해변이 나타났다. 숨어 있던 굴업도의 열정 같은 붉은 모래가 깔린 쓸쓸한 해변은 스산하고 황폐한 아름다움이 깃들어 있었다.

낮으나 약하지 않은 덕물산

100m대 산이라 얕보면 코를 납작하게 해주겠다고 덕물산이 엄포를 놓는다. 제법 가파른 흙길과 바윗길의 공세를 정면으로 받아 삼키며 올라서자, 감탄이 절로 터지는 암봉이 나왔다. 굴업도 서쪽 끝이 부드러움의 진수라면, 동쪽 끝은 골산이 가진 강함의 진수였다. 개머리언덕과 전혀 다른 매력이 한상 가득 파노라마로 펼쳐졌다. 이래서 "굴업도 굴업도"하는구나 싶었다.

남은 오르막을 치고 올라서자 돌탑이 있는 정상이다. 정상은 경치가 시원찮지만 BAC 섬&산 인증지점이라 사진 찍고 섬 최고봉에 올라 숨 돌리는 풍미가 있다. 맞은편 연평산이 바위 거함마냥 솟아 도전하라 손짓하지만, 배를 타러 가야 할 시간이다. 목기미해변을 걸어 선착장 가는 길, 기다렸다는 듯 비가 쏟는다. 소나뭇잎 달콤한 단풍 냄새와 바다 짠내가 뒤섞인 채 안겨온다. 모래에 파묻힌 폐전봇대 행렬이 죽은 연인을 추억하는 히스클리프처럼 쓸쓸히 늘어서 있었다.

33

테마별 길라잡이

백패킹 명성, 굴업도

인기 야영터: 개머리언덕

가는 길: 굴업도해변에서 서쪽 끄트머리에 가면 산길 입구가 있다. 수크령 초원을 따라 1.5km 걸으면 닿는다. 116m봉을 넘어야 하는데 우회로가 있으나 직등해서 넘는 길도 어렵지 않다.

주의 사항: 화장실이 없다. 휴대용 대소변 응고제를 준비하는 것이 좋다. 바다쪽은 벼랑이므로 조심해야 한다. 바닷바람에 노출되는 곳이라 자립형 텐트라해도 팩으로 고정해야한다.

이용료: 별도의 이용료는 없으나, 옹진군과 마을에서 깨끗한 환경 유지를 위해 비용을 받는 방안을 모색 중이다.

매력: 독보적인 수크령 초원과 망망대해를 배경으로 꿈결 같은 하룻밤을 보내는 건, 굴업도에서만 가능하다. 백패커들이 늘 그리워하는 바람, 햇살, 별밤이 그곳에 있다.

모래 해변 아름다운, 굴업도해변

가는 길: 유일한 마을인 '큰 마을' 앞이 굴업도해변이다. '큰마을해변'이라고도 부른다. 선착장에서 외길을 따라 1.3km 가면 마을이고, 200m 더 가면 도로가 끝나는 곳에 있다.

모래해변 길이: 500m

화장실 유무: 있음

편의점 및 식당 유무: 편의점은 없으나 굴업도해변의 카페 겸 매점에서 여간한 것은 살 수 있다. 카페 트럭을 타고 굴업도해변까지 이동 가능하다. 식당은 없으나 민박집에 예약하면 식사 가능하다.

야영장: 해변에 텐트를 치더라도 철수를 요청하는 주민은 없으나, 대부분의 백패커는 개머리언덕에서 야영한다. 해변 야영은 육지에서도 가능하지만 개머리언덕 수크령 초원

백패킹은 육지에서나 다른 섬에서 체험하기 어려운 독보적인 굴업도만의 낭만이다.

매력: 마을 골목을 빠져나오는 순간, 순백의 은밀한 미인을 만나게 된다. 쇼팽의 '녹턴'처럼 정갈하고 감미로운 선을 지니고 있다.

1박 2일 여행 명섬, 굴업도

추천 일정 1일차: 민박집 점심(예약 필수), 굴업도 텐트 설치, 휴식 및 식사, 독서 또는 멍하니 아무 것도 하지 않기(마음 회복하기).

추천 일정 2일차: 늦잠 및 텐트 철수, 민박집 점심(예약), 나래호 탑승.

일정 해설: 이른 아침부터 배를 타는 곳까지 와서, 백패킹 배낭까지 메고 오면 녹초가 된다. 많은 것을 하기 보다는 스스로에게 휴식을 주는 것이 어떨까? 시내 식당보다 몇 천 원 비싸지만, 마을 주민들은 민박과 식사 판매가 생업이다. 민박집에서 끼니를 해결하는 것은 섬 여행자로서 최소한의 소양이다. 자연을 위해 많은 요리를 하기 보다는 사먹거나 가볍게 해결하는 것이 몸과 마음에 이롭다.

2박 3일 여행 명섬, 굴업도

추천 일정 1일차: 홀수일에 입도한다. 1시간 늦게 도착하지만, 상대적으로 백패커가 적다. 민박집 점심. 개머리언덕 야영.

추천 일정 2일차: 텐트 철수, 민박집 식사 및 짐 풀기. 덕물산 산행, 코끼리바위 구경, 민박집 식사 및 숙박.

추천 일정 3일차: 개머리언덕 산책, 민박집 식사, 나래호 탑승.

일정 해설: 굴업도를 편히 즐기려면 2박 3일이 좋다. 첫날은 개머리언덕에서 야영하고, 둘쨋날은 민박집에서 샤워하고, 덕물산과 코끼리바위를 둘러보면 섬 전체를 다 본 것이다. 하루 야영, 하루 민박이면 균형이 맞다. 민박집 구들장에 몸 녹이는 것도 섬 여행의 즐거움.

덕물산 산행 코스

목기미해변을 가로질러 폐가 흔적이 있는 안부로 올라서서 오른쪽 능선을 따라가면 덕물산 입구에 닿는다. 산길이 희미해지기도 하지만 능선이 선명해 길찾기는 어렵지 않다. 슬랩 바윗길에서는 왼쪽 흙길로 최대한 올랐다가 바위로

올라서면 안전하다. 선착장에서 덕물산 정상까지 2.3km이며 1시간 정도 걸린다. 하산시 코끼리 바위를 거쳐서 오는 것이 효율적이다. 썰물 시 코끼리바위를 제대로 구경할 수 있다.

맛집 & 숙박 식당이 없다. 해변카페와 민박집 가정식 백반을 이용해야 한다. 민박집에서 숙박하지 않더라도 식사 예약이 가능하다. 6가지 반찬과 게장, 생선구이, 국 등이 나오며, 12,000~15,000원 선이다. 할머니민박(032-831-7833), 정현민박(0507-1416-2554), 숙이네펜션(0507-1436-3848), 고씨네민박(032-832-2820), 굴업민박(032-832-7100) 등이 있다. 숙박은 보통 방 하나 (3~4인 기준) 6만 원. 민박마다 대부분 음료와 가스, 라면, 주류, 과자 등을 판매한다.

카페 마을 앞 굴업도해변에 카페가 있다. 유일한 카페이며 매점을 겸하고 있다. 육지에서 먼 섬이라 시설이 번듯하지는 않지만 수평선을 감상하며 차 마시기 좋은 곳이다.

배편 2024년 11월 25일부터 인천항과 굴업도를 잇는 직항편이 생겼다. 과거에는 덕적도로 와서 나래호를 갈아타고 가야했다. 나래호와 직항편인 해누리호가 모두 운항한다. 인천항 연안여객터미널에서 매일 오전 9시에 해누리호가 굴업도로 간다. 짝수일은 3시간, 홀수일은 4시간 정도 걸린다. 홀수일은 9시에 출발하여 문갑도(11:10)~지도(11:50)~울도(12:05)~백아도(12:25)~굴업도(12:55)~문갑도(13:35)를 순회하여 인천항(15:45)으로 돌아온다. 짝수일은 9시에 출발하여 문갑도(11:10)~굴업도(11:50)~백아도(12:20)~백아도(12:25)~울도(12:40)~문갑도(13:35)를 순회하여 인천항(15:45)으로 돌아온다. 나래호는 덕적도에서 매일 오전 11시 20분에 출발하여 5개 섬을 순회한다. 굴업도까지 짝수일은 2시간, 홀수일은 1시간 정도 걸린다.

굴업도 등산지도

© 동아지도 제공

04 대이작도 大伊作島

부아산 163m (인천 옹진군 자월면)
배편 인천항 연안여객터미널 → 대이작도
주의 사항 산과 해변 여럿 있어, 길찾기
조심해야
매력 아기자기한 산과 해변, 보물찾기
하듯 차례로 나오는 산과 해변 일품
추천 일정 1박 2일
산행 난이도 ★★☆☆☆
(산 작지만 여러 개라 한꺼번에
둘러보려면 시간 충분해야)

45km

인천항
연안여객터미널

1시간 10여분 소요

대이작도

'풀등'을 아시나요?

있으면서 없고, 없으면서 있다. 서해 먼 바다에 썰물
때만 드러나는 모래섬이 있다. 나타났다 사라지길
반복하는 섬. 모래섬이 어찌나 넓은지 '바다
사막'이라 부르는 이도 있으며, 보통은 '풀등'이라
한다. 알아본 바로는, 풀등은 갈 수 없었다. 지금은
운항하는 배편이 없다고 했다. 일단 대이작도로 갔다.
날씨는 화창했고, 파도는 잔잔했다.
대이작도의 첫인상은 신비롭거나 화려하지 않았다.
1967년 개봉한 영화 '섬마을 선생님' 촬영지임을
알리는 선착장의 낡은 글귀처럼, 평범한 시골 섬이다.
부아산 산행을 하고 작은풀안해수욕장에서 야영
후 송이산 산행을 하고, 오후 배를 타고 돌아가는
1박2일 일정이다. 이하영·변별씨와 함께한다.

해적의 본부였던 섬

대이작도는 해적의 섬이었다. 〈고려사〉에 '왜구들이
이 섬을 점거하고 삼남지방에서 올라오는 세곡선을
약탈하는 근거지라 이적夷賊이라 불렀다'는
기록이 있으며, 조선시대에도 작은 무리의 해적이
이작도를 은신처로 삼았다고 한다. 이적란 이름이
이작도로 변한 것이며, 큰 섬을 대이작도, 작은 섬을
소이작도라 부른다.
인천광역시 옹진군 자월면에 속해 있으며, 전체
넓이 2.57km², 해안선 길이 18km의 작은 섬이다.
볼거리는 적지 않아 해수욕 가능한 모래해변만
4곳이며, 부아산과 송이산도 높이는 낮지만 소소한
산행의 재미가 있다. 여기에 짧은 해안데크길도
섬 곳곳에 5군데로 나뉘어 있어 당일에 모두
둘러보기는 무리다.

떠나는 총각 선생 바라보던 문희 소나무

선착장 한편에 해안데크길 입구가 보인다.
소이작도가 마주보이는 데크길의 유혹, 일단 부아산
산행은 제쳐 두고 데크길로 든다. 소사나무 신록이
아기 손바닥마냥 앙증맞은 잎을 뻗고 있어 걸을수록
유쾌해진다. 소이작도는 잠깐 수영하면 건널 수
있을 듯 가깝지만, 바닷물이 태풍의 눈처럼 빠르게
소용돌이 치고 있어 얼핏 봐도 위험적이다.
부아산은 산 높이는 낮지만 식생 보전이 잘 되어 있어
숲이 풍성하다.
전망데크에 농어바위 안내판이 있다. 대대로 농어가
잘 낚이는 곳이라 이름이 유래하며 지금도 섬
근해에서 농어가 많이 올라온다고 한다. 오르막
계단을 올라서면 선착장이 잘 보이는 '문희 소나무'

봄꽃 향기가 배어 있어 다정다감한 분위기다. 분홍빛 병꽃나무, 줄딸기꽃이 청아한 시골처녀라면, '반디지치'는 요정처럼 기묘한 보랏빛으로 산길에 낭만을 더한다.

163m로 정상은 낮지만 선물세트 같다. 데크 전망대와 톱날 같은 자연 바위에 새긴 정상 표지석, 5개의 봉화대, 망원경이 있는 팔각정, 구름다리까지, 높이에 비해 볼거리가 과할 정도로 많다. 송이산(188m)이 더 높지만 블랙야크 인증 지점이고, 편의시설이 많아 부아산이 섬을 대표하는 산이 되었다. 부아산 정상부는 유일한 암릉 지대이지만 등산로가 잘 정비되어 있어 초보자도 어렵지 않게 오를 수 있다.

노인과 바다의 그 바다

정상을 내려서자 산간도로로 연결된 주차장과 공원이다. 팔각정이 워낙 많아 여간한 정자는 그냥 지나친다. 산길을 따라 바다를 만나는 곳까지 내려서자 묘한 곳이 있다. 은은한 갈대 습지와 자갈해변, 버려진 통나무 더미가 바닷바람과 잘 어울린다. 아무도 모를 것 같은 버려진 해변 어딘가에 늙은 어부가 초점 없는 눈으로 바다를 응시할 것만 같다.

텐트 삼킬 듯 몰아치는 바람

송이산 정상을 알려주는 이정표가 있으나 오늘 산행은 접고 야영 준비를 하기로 했다. 마을을 가로질러 백패킹 명소인 작은풀안해변 소나무숲에 텐트를 쳤다. 해변은 그림 같았고 소나무숲은 아늑해 텐트 치고 싶은 마음이 저절로 들었다. 최신 시설은 아니지만 고장 난 곳 없이 관리된 화장실, 물이 콸콸 나오는 개수대, 쓰레기 분리시설이 넉넉한 이곳 인심을 보여 준다.

밤 사이 막강한 손님이 불쑥 찾아왔다. 적당히 박은 펙peg은 모조리 뽑아버릴 정도의 강풍이었다. 아침이 되자 배편 선사에서 '풍랑주의보로 오늘 배편은 모두 결항되었다'는 메시지가 왔다. 고민할 겨를 없이

언덕이 있는데, 당시 영화에 출연했던 섬처녀 역을 맡은 배우 문희가 떠나는 총각 선생님을 애련히 바라보던 곳이다.

식당에서 점심을 먹고 오형제바위 해안데크길로 든다. 소나무와 소사나무가 '장군! 멍군!'을 외치며 팔을 뻗어 햇살을 양분한다. 그 아래로 난 데크길 옆으로 코발트블루의 바다가 펼쳐진다. 걸음걸음이 달콤해 대이작도에선 세월이 흐르지 않는 것 같다. 데크 끝에서 만난 오형제바위는 슬픈 불꽃같다. 옛날 효심이 지극한 다섯 형제가 고기를 잡으러 부모님을 여기서 기다렸다고 한다. 악천후에 바다에 나간 부모는 돌아오지 않고 오형제는 슬피 울다 죽어 바위가 되었다. 이후 오형제바위 부근에서 사고가 잦아 한 해의 마지막 날엔 이곳에 주민들이 모여 기원제를 올린다고 한다.

텐트 펙을 뽑아버린 막강한 강풍

데크길을 버리고 산길로 든다. 초록으로 가득한 소박한 숲길이 반갑다. 꾸준히 오르막이 이어지지만

휘날리는 텐트를 접었다. 일단 산행에 나섰다.

때 묻지 않은 자연미, 송이산

송이산(188m)은 부아산보다 겨우 30여m 높지만, 제대로 된 산행 느낌이다. 좁고 가파른 산길은 내륙의 큰 산을 오르는 것 같은 착각이 잠시나마 들었다. 부아산은 시설물이 많아 인공적인 이미지라면 송이산은 육산이지만 때 묻지 않은 진짜 산행이다. 정상엔 역시 팔각정이 있었고, 해무에 휩싸인 경치도 멋있다. 작은풀안해변 방면 마을로 하산해 풀등식당펜션에서 푸짐한 백반을 먹었다. 장봉도에서 대이작도로 시집 와서 30년 넘게 식당을 꾸린 사장께 풀등으로 갈 방법을 물었더니, 고기잡이와 펜션 운영을 도맡고 있는 아들을 소개해 주었다. 아침 7시와 저녁 7시에 풀등이 떠오르는데 오늘 저녁 파도가 높지 않으면 바래다 주겠다고 했다. 감사를 전하며 펜션에 짐을 풀었다.

섬도 바다도 아닌 풀등을 걷다

바람은 잦아들지 않았다. 행여 배가 못 가는 건 아닐까 걱정이었으나, 풀등펜션 아들은 약속을 지켜

주었다. 가까워 보였지만 섬에서 1㎞ 떨어져 있었다. 배가 모래에 빠지지 않기 위해 무릎 높이의 수면에 내려 주었고 다들 맨발로 내렸다. 순수한 바다 사막에 착지하는 순간, 짜릿했던 그 차가움이 아직 잊히지 않는다. 마치 미지의 땅에 내려진 첫 사람처럼, 바다도 아닌 섬도 아닌 순수한 모래 느낌은 잊을 수 없다. 해변에서 보았을 땐 작아 보였는데, 막상 닿은 풀등은 광활했다. 모래는 단단해 발이 빠지지 않아 걸음이 경쾌했다.

오래도록 기억될 대이작도의 바다

바닥은 온통 물결무늬로 가득 차 있어 풀등 자체로 거대한 작품이었다. 바람은 인정사정 없었으나 감미로운 해넘이와 바다사막의 조화는 꿈만 같았다. 흰 포말로 물러나는 썰물에 사막은 점점 넓어졌고, 비어 있으나 가득한 깨달음의 경지에 이른 바다는 말로 표현할 길 없었다. 오래 걷고 싶었으나 "길게 머물 수 없다"고 당부한 선주의 말이 맴돌아 이내 배에 올라탔다. 풀등에 남겨진 내 발자국이 보였다. 밤사이 심해에 잠기는 꿈을 꿀 것 같았다. 다음날도 배는 뜨지 않았다. 고립된 채, 엄청난 바람 속에서 풀등을 바라보았다. 거대한 고래가 떠오르고 있었다. 고래 등에 올라탔던 신선한 기억은 꿈결 무늬로 가슴에 남았다. 지금도 풀등을 걷고 싶다.

닿는다. 총 4km이며 섬 내에는 펜션에서 숙박객을 운반하는 차량 외에 별도의 버스와 택시가 없어 도로를 따라 선착장으로 걸어가야 한다. 송이산 하산 지점에서 선착장까지 도로 따라 2km이며 40분 정도 걸린다.

여행시 주의 등산로와 시멘트임도, 비포장임도, 해안데크길이 복잡하게 얽혀 있다. 현지 안내판 지도도 간략한 개념도 형태라 즉흥적으로 갔다간 계획이 어긋날 수 있다. 지도를 참조해 방심하지 말고 예민하게 길을 탐색해야 한다. 팔각정이 섬 곳곳에 많지만 '야영 금지' 현수막이 붙어 있다. 마을에서 야영을 허락한 작은풀안해수욕장과 야영이 허가된 해변에서 야영해야 한다.

풀등 즐기기 풀등은 동서로 4㎞ 남북으로 1㎞에 이르는 모래섬이다. 하루 2번 썰물 때 서서히 드러나며 섬 곳곳에서 풀등을 볼 수 있다. 해양생태계 보고로 소중한 가치를 지니며 섬의 방파제 역할을 겸한다. 마을에서는 썰물 때, 배를 타고 풀등에 도착, 20여 분간 머무는 투어 프로그램을 진행한다. 섬 내 펜션이나 마을어촌계에 문의하면 된다.

맛집 & 숙박(지역번호 032) 작은풀안해수욕장의 풀등펜션(834-6161)은 식당과 매점을 겸하고 있다. 술, 라면, 과자, 아이스크림 등을 갖추고 있다. 30년 넘게 이곳에서 식당을 운영 중인 주인아주머니의 손맛이 일품이다. 백반은 그날 아침에 잡은 싱싱한 생선구이와 매운탕이 반찬으로 나오기도 한다. 선착장 부근 이레식당슈퍼(832-0519), 힐링뷰펜션편의점(010-4724-4660)은 식당과 숙소·매점을 겸하고 있다. 섬 곳곳에 펜션과 민박이 많으며 예약하면 선착장에 차량으로 마중 나온다. 한적한 계남해변 부근도 조용히 쉬었다 가기 좋다.

배편 인천 연안여객터미널을 출발하여 자월도, 소이작도, 대이작도, 승봉도를 거쳐 인천으로 돌아오는 배편이 운항한다. 하루 3편 운항한다. 계절과 평일·주말 여부에 따라 운항 배편과 시간이 차이가 나므로 선사에 운항 시간을 미리 확인해야 한다. 고려고속훼리와 대부해운에서 각각 배를 운항한다. 쾌속선의 경우 1시간 10분 정도 걸리며, 차도선은 2시간 정도 걸린다.

모래 해변 아름다운 명섬, 작은풀안해수욕장
가는 길: 선착장에서 도로 따라 2km 도보 이동.
모래해변 길이: 400m
조수 간만 차이: 심함
화장실 유무: 있음
편의점 및 식당 유무: 식당이 있으며 슈퍼를 겸하고 있다.
야영장: 별도의 야영데크 없으나 소나무숲에서 야영 가능.
매력: 풀등이 고래처럼 나타났다 사라지는 색다르고 깨끗한 모래해변.

1박 2일 여행 명섬 대이작도
추천 일정 1일차: 선착장, 오형제바위, 부아산, 송이산, 작은풀안해수욕장 백패킹
추천 일정 2일차: 큰풀안해수욕장, 목장불해수욕장, 섬마을 선생님 촬영지, 계남해변, 선착장
일정 해설: 첫날 부아산과 송이산을 둘러보고, 둘쨋날 해변을 둘러보는 코스. 배낭이 무겁다면 도로를 따라 곧장 작은풀안해수욕장에 텐트를 치고, 섬을 둘러보는 것이 좋다. 이틀 동안 걸어서 둘러보려면 부지런히 움직여야 할 정도로 섬이 큰 편이다. 여유롭게 모두 둘러보려면 2박 3일은 머물러야 한다.

산행이 즐거운 등산 명섬, 부아산 & 송이산
오형제바위 해안데크길 입구에서 부아산 정상까지 1.7km, 여기서 송이산 사이의 해변까지 850m, 여기서 송이산 정상까지 750m이다. 정상에서 조금 되돌아가서 작은풀안해변 방면 산길로 600m 내려서면 도로에

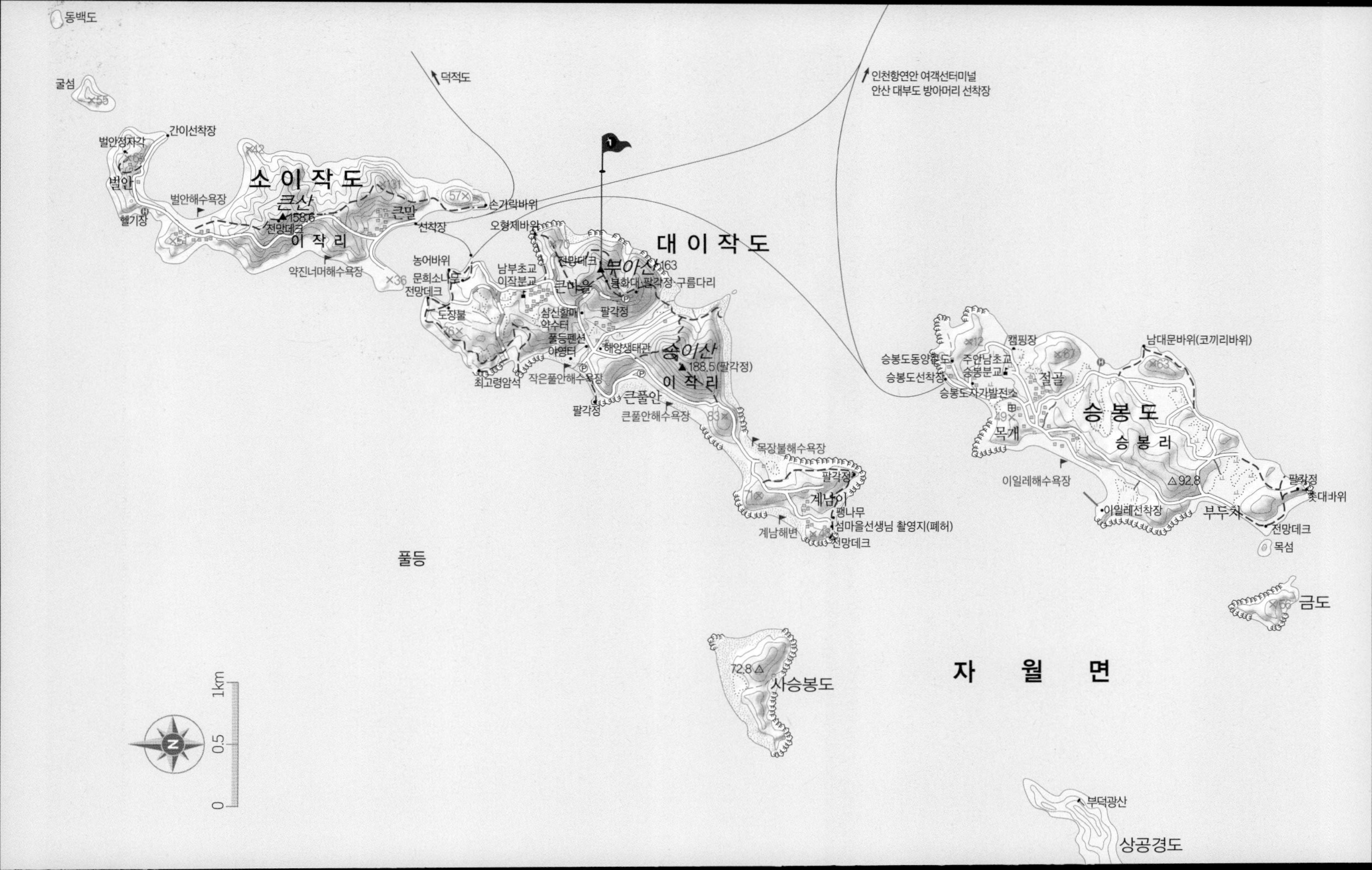

동백도
굴섬
덕적도
인천항연안 여객선터미널
안산 대부도 방아머리 선착장
간이선착장
벌안정자각
벌안
헬기장
벌안해수욕장
소 이 작 도
큰산
158.6
전망데크
이 작 리
큰말
손가락바위
선착장
약진너머해수욕장
오형제바위
농어바위
문희소나무
전망데크
남부초교
이작분교
대 이 작 도
전망데크
부아산
163
큰마을
봉화대, 팔각정, 구름다리
도장불
삼신할매
약수터
팔각정
풀등펜션
야영터
해양생태관
송이산
188.5(팔각정)
이 작 리
최고령암석
작은풀안해수욕장
큰풀안
팔각정
큰풀안해수욕장
목장불해수욕장
팔각정
계남이
팽나무
섬마을선생님 촬영지(폐허)
계남해변
전망데크
풀등
승봉도동양콘도
승봉도선착장
캠핑장
주안남초교
승봉분교
승봉도자가발전소
절골
남대문바위(코끼리바위)
목개
승 봉 도
승 봉 리
이일레해수욕장
92.8
팔각정
촛대바위
이일레선착장
부두치
전망데크
목섬
금도
72.8
사승봉도
자 월 면
부덕광산
상공경도
0
0.5
1km
N

05 대청도 大靑島

삼각산 343m (인천 옹진군 대청면)
배편 인천항 연안여객터미널→대청도
주의 사항 오전 오후 1회씩 하루 2회 운항
매력 국가지질공원 지정된 희귀하고
아름다운 대자연의 향연
추천 일정 1박 2일
산행 난이도 ★★★☆☆
(정상과 서풍받이 거치는 코스 인기)

200km
● - - - - - - - - - - - - - - - - - - - ●
인천항   4시간 소요   대청도
연안여객터미널

원나라 황제가 유배 온 섬

원나라 마지막 황제의 눈물이 깃든 섬이다. 원나라는 인류 역사상 가장 큰 제국이었다. 동서양을 공포에 떨게 했던 칭기즈 칸이 세운 광대한 제국의 마지막 황제는 이 작은 섬에서 1년 넘도록 살았다. 전설이 아닌 〈고려사〉, 〈동국여지승람〉과 중국 문헌에 남아 있는 역사적 사실이다. 순제順帝의 유년 시절이 깃든 섬, 대청도로 간다. 황희진 · 김보민씨와 함께한다. 아버지 명종은 즉위 8개월 만에 독살 당했다. 어린아이였던 장남 순제는 대청도로 쫓겨났고 작은아버지인 문종이 황제에 올랐다. 문종은 평생 친형을 살해했다는 죄책감에 괴로워했다. 문종 역시 실권자였던 중서우승상 엘테무르의 꼭두각시였다. 문종이 의문의 병으로 죽고, 엘테무르가 독살했다는 소문이 돌았다. 문종은 유언으로 자신의 아들이 아닌, 형의 아들 순제를 황제로 추대하라고 했다. 혼란스런 시국에 아들이 황제가 되어도 목숨을 오래 보전하긴 어렵다고 본 것. 엘테무르는 장남인 순제보다 어린 둘째가 조종하기 더 쉽다고 판단해 영종寧宗을 황제로 앉혔다. 6세에 불과했던 황제는 즉위 2개월 만에 죽고, 마지막 원나라 황제가 된 이가 순제다. 그의 나이 14세였다.

편의상 여행사 이용이 일반적

배에서 내리자 산이 다가와 있었다. 푸른 능선이 물결치는 것이, 바다에 솟은 산 자체였다. 망망대해를 여러 날 울렁거리며 선진포에 닿았을, 태어나서 가장 먼 항해를 했을 12세 태자의 눈에 이국 땅 대청도는 얼마나 낯설었을까. 여행사에서 준비한 차량을 타고 숙소로 이동한다. 산악 지형이라 오르내림이 심하며, 넓은 탓에 걸어서 둘러보기는 어렵다. 편의상 여행사를 이용하는 것이 일반적이다. 북한이 훨씬 가까운 외딴 섬에 온 게 실감난다. 지질공원의 명성답게 예술 작품 같은 바위가 널려 있는 농여해변은 바람과 파도가 억만 겁의 시간 속에서 만들어낸 오묘한 결정체다.

무신경한 듯 배려심 많은 산길

내일 나가는 배 시간을 맞추려면 대청도 최고봉 삼각산(343m)을 오늘 올라야 한다. 여행사에서 렌트한 차량을 몰아 매바위전망대로 간다. 순제의 호의일까. 차에서 내리자 비가 그친다. 원나라 황제가 머물렀다고 하여 이름이 유래하는 삼각산은 능선이 복잡하게 뻗어 있어, 단번에 산세가 잡히지 않는다. '삼각산'은 우리말 '셔블', '세부리'를

한자화하는 과정에서 생긴 이름으로 으뜸도시의 산
정도로 해석할 수 있다. 고개 전망대에 닿자 멋있는
매 조각 너머로 터지는 산과 바다. 굽이굽이 뻗은
지능선과 손바닥만큼 드러난 모래울해변이 700년
전처럼 무심히 차분하다.
수풀이 높지 않을까 하는 염려는 기우였다.
깔끔하게 정돈된 등산로가 성실히 산행을 이끈다.
매바위전망대의 고도가 144m, 해발 200m만
높이면 된다. 얼마 안 가 경치 좋은 미니 전망데크를
지나 능선이 물결친다. 숲 향기 가득하나 과하지
않고, 수풀 무성하나 사람 한 명 걸을 공간은 열어
놓았다. 숨 가쁠 쯤이면 무신경한 듯 배려하는
섬 사내처럼 툭툭 터지는 경치, 아기자기한 맛이
있다. 짧은 산행이라 생각해서인지 1.8km가 멀다.
2km는 온 것 같은데 정상은 아직이다.

작은 봉우리 여럿 지나야 정상

철탑이 있는 주능선에 닿자 몰아세우던 성질
급한 오르막도 이별이다. 산에서 마주치는 곳곳의
안내판에도 순제의 사연을 적어놓았다. 바다가
보이는 전망 터에서 고국을 그리워했으며, 억울한

모략으로 대청도에 유배되었다는 이야기다. 순제는
부친 명종이 친부가 아니라는 설과, 모친이 계모라
아들을 모함해 대청도로 보냈다는 설이 있다. 나라를
망하게 한 방탕한 황제라 평가 받는 순제의 유년은
애정 결핍, 죽음의 공포, 불안이 따라다녔다.
정상은 삼세판이다. '정상인가?' 착각했던 잔잔한
봉우리를 지나자, 너른 전망데크가 기다린다.
정상다운 너른 경치가 드러난다. 즉흥적인 리듬으로
불쑥 솟은 것 같은 지능선 줄기 너머 희미한 세상.
바다와 하늘이 섞여 구분이 모호하다. 조각조각
드러난 파랑이 맑은 허공의 세력을 넓힌다.

농익은 매력의 농여해변 나이테바위

일행은 능선을 따라 진행하고, 홀로 되돌아가
차량을 회수해 '광난두정자'로 갔다. 정자에 서니
수평선 끝에서 마지막 황제의 행렬인양 황금빛으로
반짝이는 노을이 빛난다. 하산한 일행을 태워 해넘이
명소인 농여해변으로 차를 몰았다. 해변까지 길은 나
있으나, 찾기 어렵게 숨겨둔 게 아닐까 싶었다. 그게
더 어울렸다. 은밀한 임도 끝에서 만나는 해변엔
착한 파도와 순둥이 바람, 부드러운 모래가 모여
있었다. 모래밭이 되었다가 바다가 되어 잠기길
반복하는 풀등이, 신기루처럼 가라앉고 있었다.
해변 끝에선 바위가 불타오르고 있었다.
국가지질공원이란 건 알고 있었지만 이토록 섬세한
물결일 줄은 몰랐다. 1만 년 세월이 빚은 10m
조각은 노랑, 빨강, 검정, 갈색, 회색을 띤 채, 1만
년마다 나이테를 바꾼 듯 오묘한 모양으로 치솟아
있었다. '나이테바위'란 이름의 부연 설명은 필요
없었다. 미켈란젤로가 곁에 있다면 신의 솜씨에
감탄해 몇 시간이고 우두커니 바위만 바라보고 있을
것 같았다.

영원한 해병들의 할머니

다음날 아침은 온통 파랑이다. 다시 광난두정자를

찾았다. 대청도에서 가장 유명한 명소인 서풍받이 트레킹에 나선다. 이름에서 알 수 있듯 서풍을 받아 침식되어 생긴, 천혜의 절벽 해안선을 보러가는 길이다. 어제와 달리 산길이 부산하다. 등산화, 운동화, 심지어 구두 신은 단체 관광객이 줄지어 걷는다. 의외로 오르내림이 심해 구두 신은 신사 분은 고생깨나 할 것 같다. 산행에 가까운 코스이지만, 경치가 쉽게 툭툭 터지는 통에 걸음이 가볍다. '해병 할머니 무덤' 안내판이 궁금증을 자아낸다. 황해도가 고향이었던 할머니는 14세에 대청도로 시집와 낮에는 엿장사와 고물상을 하고 밤에는 삯바느질을 하고 살았다. 지금도 섬 인구의 절반 이상은 군인들인데, 할머니는 보이는 해병들에게 손수 밥을 지어 먹이고 군복을 수선해 주었다. 또 모든 부대원에게 손수 속옷을 만들어 입혔다. 군인들은 할머니 집을 고쳐주고 '해병 할머니집'이라는 간판을 달아주었다. 할머니는 "내가 죽거든 손자 같은 해병들 손에 묻히고 싶다"는 유언에 따라 서풍받이 부근에 묻히게 되었다.

즉흥환상곡 같은 해안선, 서풍받이

낙타 등 같은 해안선을 넘고 또 넘자, 탁 트인 곳에 걸맞은 전망데크가 반갑다. 바닷바람이 땀을 말리는 데 10초, 서풍받이 절벽이 마음을 사로잡는 데 3초 걸린다. 이제야 드러나는 흰 절벽, 압도적인 아름다움에 취해 여기서 걸음을 멈추고 싶다. 쇼팽의 즉흥환상곡처럼 부드럽고 빠른 선율을 자유자재로 오르내리며 해안선이 펼쳐진다.

원나라 황제의 마지막 바다

대부분의 여행객은 여기서 온 길을 되돌아간다. 나머지 순환 코스는 찾는 이가 많지 않아 길이 묵었고, 마주치는 이도 없어 고요가 촉감 좋은 가운처럼 들러붙어 동행했다. 소설 〈시인의 별〉 주인공 대청도 역참 관리 안현이 "시세時世가 나를 용납하지 않아"라고 중얼거리며 숲 속에서 나올 것만 같은, 느긋한 시간이다. 배 시간이 다가오자, 대부분 여행객이 포구로 이동해 섬 전체가 빈 듯 썰렁하다.

독실한 불교 신자였던 순제는 대청도의 집에 불상을 만들어 놓고, 매일 고국으로 돌아가기를 빌었다고 한다. 대청도를 떠나던 날도, 중국 광서로 지역만 옮기는 유배길이었다. 이후 내륙에서 살다 죽었음을 감안하면, 대청도는 그의 마지막 바다였다.

산행이 즐거운 등산 명섬 삼각산~서풍받이

산행 코스: 매바위전망대~정상~광난두정자~서풍받이~
마당바위~광난두정자

산행 거리 & 소요 시간: 6km. 4시간 소요.(숙소 혹은
선착장에서 매바위전망대까 차량 이동 필요,
광난두정자에서 숙소 또는 선착장까지 차량 이동 필요)

난이도: ★★★☆☆

길 찾기: 외길에 가까워 길찾기 어렵지 않음

산행 중 명소: 매바위전망대, 정상, 광난두정자, 서풍받이

매력: 거대한 예술작품 같은 서풍받이와 짧고 흥미로운
삼각산 산행

모래 해변 아름다운 명섬. 농여해변

가는 길: 선착장에서 도로 따라 4km

모래해변 길이: 1km

조수 간만 차이: 심함

화장실 유무: 있음

편의점 및 식당 유무: 400m 거리에 식당과 카페가 있다.

야영장: 북한 접경 지역이라 해안선 야영 불가

매력: 조각품 같은 나이테바위와 썰물이면 나타나는 바다
속 육지인 풀등.

1박 2일 여행 명섬 대청도

추천 일정 1일차: 삼각산~서풍받이 산행, 해넘이전망대
일몰, 식당 저녁식사, 숙소 숙박

추천 일정 2일차: 옥죽동 해안 사구, 농여해변, 지두리해변,
사탄동해수욕장, 선착장

일정 해설: 첫날에 땀나는 산행을 하고 둘째 날에 차량으로
이동하며 관광하듯 둘러보는 일정이다. 육지에서 200km
떨어진 명소인만큼 인근 소청도와 백령도에서도 1박씩
하면서 4~5일간 한꺼번에 둘러보는 것도 효율적인
여행법이다.

여행사 이용하면 편리한 대청도

섬이 넓고 오르내림이 심해 걸어서 둘러보기 어렵다.
차량을 렌트해야 하는데, 렌트카 업체가 없다. 버스는 하루

6회 정도 운행하는데 시간별로 운행 코스가 달라 이용이 쉽지 않다. 여행사를 이용하면 배편 예약, 숙소 예약, 식당 예약, 차량 이동을 한 번에 해결할 수 있다. 비용이나 시간 면에서 더 효율적이다. 여행사와 금액대별로 차이가 있으므로 내게 맞는 상품을 선택해야 한다.

맛집 & 숙박 2010년부터 참홍어 어획량 1위에 올라, 흑산도를 넘어서는 홍어의 고향이 되었다. 선착장 부근에는 식당이 즐비하다. 홍어 코스 요리(1인 3~5만 원선)는 대청도에서 맛 볼 수 있는 별미다. 삭히지 않은 생홍어회, 홍어튀김, 홍어무침, 홍어매운탕이 차례로 나온다. 이밖에도 한식 백반과 해산물 전문점, 돼지고기를 맛깔스럽게 만들어내는 식당이 많다. 대청도 곳곳에 숙소가 있다. 대부분의 펜션과 민박은 여행사와 연계하여 운영한다.

배편 인천항 연안여객터미널에서 고려고속훼리가 하루 2회(08:30, 12:30) 운항한다. 4시간 걸리며 소청도, 대청도, 백령도를 경유한다. 대청도에서 돌아오는 배편은 하루 2회(07:25, 13:55) 운항한다. 운항 시간은 월별로 바뀔 수 있으므로 해당 선사와 인천항 연안여객터미널을 통해 확인해야 한다.

대청도 등산지도

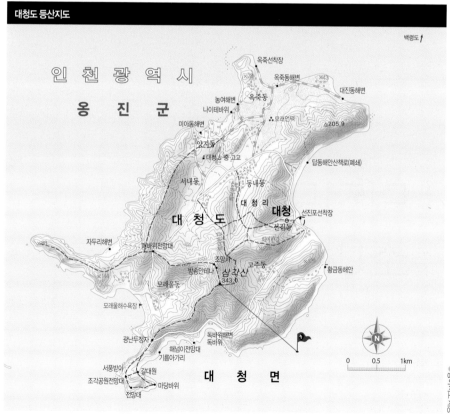

55

06 덕적도 德積島
소야도 蘇爺島

비조봉 292m(인천 옹진군 덕적면)

배편 인천항 연안여객선터미널에서 하루 3회
운항. 운항 시간과 횟수는 매월, 혹은
요일별로 바뀔 수 있다. 차량과 승객
실을 수 있는 차도선과 승객만 탈 수 있는
여객선 번갈아 운항

주의 사항 덕적도 선착장 앞에 대형
하나로마트가 있다. 소야도행 버스가
따로 있다. 덕적도와 소야도를 잇는
덕적소야교는 자동차 전용 다리이며,
도보 이동이 금지되어 있다

매력 산이면 산, 바다면 바다, 해변이면 해변,
무엇 하나 빠지지 않는 팔방미인

추천 일정 2박 3일

산행 난이도 ★★☆☆☆
(바윗길 있으나 주의하면 어렵지 않아)

50km

인천항
연안여객터미널

1시간 10분(쾌속선)

덕적도
소야도

낭만의 수도, 덕적

나라의 수도가 서울이라면, 낭만의 수도는 덕적도다. 덕적도는 한 권의 시집詩集이다. 20여개에 이르는 해변은 저마다 다른 운율을 가지고 있어, 해변을 걷는 것만으로 사람이 고요해진다. 산은 부드럽지만 힘이 있어 능선을 따라 걸으면, 몸과 마음이 열정으로 끓어오른다. 능선마다 산길이 있고 해안선마다 오솔길이 있어, 여행자는 예측할 수 없는 줄거리 속으로 빨려들게 된다. 걸어도 걸어도 끝없는 서정의 극치를 음미하게 되는 것. 시집의 첫 장을 열었다.

누군가 덕적도를 그리워하는 게 분명했다. 하늘은 물감 같은 파랑이고, 바다는 서해라 믿기지 않을 만큼 투명하고, 바람은 깨끗했다. 막강하지만 악의 없이 뭉툭하게 다가오는 맑은 바람. 덕적을 그리워하는 누군가의 마음이 투명한 손으로 섬을 어루만지고 있었다.

수줍음 많은 이개해변

평일 차도선은 한적했다. 배에서 내린 사람 몇은 집으로 가고, 큰 배낭 멘 몇은 굴업도행 배를 타러 가고, 덩그러니 남은 청년과 떠나는 배를 마중했다. 경희대 산악부 재학생 정상희 · 김민교씨와 함께. 고양이는 좋은 사람을 구분하는 법을 알고 있는 걸까. 두 사람 다리를 꼬리로 슬며시 건드리고 가는 느긋한 여운.

가보지 않은 해변으로 차를 몰았다. 유명한 서포리해변과 소야도 때뿌루해변은 보았으니, 숨은 풍경을 찾기로 했다. 처음은 수줍은 바다. 이개해변은 감추고 싶어한다. 모래도 갯벌도 바다도 하나씩 허락한다. 바다가 빠져나간 모래 언덕을 올라서자 비로소 드러나는 속내. 툭 튀어나온 목섬 사이에 액자처럼 바다가 놓여 있다. 좁은 입구와 달리 갯벌은 넓었고, 굽은 할머니 홀로 조개를 캐고 있었다. "끼룩 끼룩" 울리는 갈매기 소리가 해변을 메우고 있었다.

소사나무 소리가 들리는 북리

차를 몰아 고갯길을 넘자 북쪽에 있다는 북리에 닿았다. 식당, 경찰서, 방파제가 잘 되어 있으나

여객선이 닿지 않는 항구인 탓에 동네는 숙면을 취하는 것만 같은 고요가 깊게 배어 있다. 방파제 끝에 선 붉은색 등대가 눈에 띄었다. 방파제를 따라 등대를 향해 걸었다. 질풍노도의 바람 소리가 들렸다. 바람이 소사나무숲을 뒤흔들고, 어쩔 줄 몰라 "쏴아"하며 쏟아내는 마음. 윤동주 시인 말이 덕적도에선 사실이었다. 나무가 춤을 추기에 바람이 불고 있었다.

북리 맛집으로 꼽히는 식당에서 돈까스를 먹었다. 먼 섬까지 와서 돈까스라니, 어울리지 않았으나 주민으로 보이는 손님 대부분 돈까스를 먹고 있었다. 수평선을 보며 횟집 같은 식당에서 씹는 돈까스 맛, 평범했다. 다만 수평선 풍경에 버무려진 돼지고기 식감은 쉽게 잊기 어려울 것 같다.

소야도 간뎃섬, 물푸레섬 가는 길

소야도로 갔다. 다리가 이어져 있어 덕적도의 부속 섬으로 여겨지지만, 독특한 해안선 경치는 덕적도와 구분되는 면이 있다. 옹진군에서는 '소야 9경'을 선정했는데 그중 백미는 모세의 기적이다. 썰물에 갈 수 있는 섬은 전국에 10곳이 넘는데, 3개의 섬이 연달아 이어지는 곳은 이곳뿐이다. 제방을 따라 갓섬으로 들었다. 방파제 뒤에 간뎃섬과 물푸레섬이 있었다. 미인의 목선처럼 매끄럽게 모래사장이 이어진다. 간뎃섬은 가운데 섬이라는 뜻이라 한다. 할머니들이 곳곳에서 무언가 캐고 있다. 여쭤 보니 굴을 캐고 있단다. 물 들어오기 전에 서둘러야 한다며, "이렇게 멀리서들 찾아올 정도로 좋은 곳"이라 한다. 은연중 섬에 대한 애정이 깔려 있다. 모래인 줄 알았던 흰 해변은 흰 조개였다. "부스럭" 소리를 내며 걷는 길이 독특하고 잔재미가 있다. 수석처럼 솟은 바위의 향연을 지나 다시 기린의 목 같은 해변이 이어졌다. '송곳여'였다. 섬도 아닌 바다도 아닌, 잠겼다 드러났다 하는 암초에 가까운 땅을 그리 불렀다. 창부섬이 수석처럼 솟아오르고, 바다가 돌아오고 있었다. 물푸레섬에는 막상 물푸레나무가 보이지 않는다. 이미 잎을 떨궈 보이지 않는지도 모른다. 돌아가는 길, 눈이 아릴 정도로

반짝이는 물결이 해변을 삼키고 있었다.

소야도의 왕, 왕재산

때뿌루해변으로 가는 길의 고개에서 산행을
시작한다. 소야도 왕재산(142m)에 올랐다가 능선을
타고 소야반도 끝까지 갈 계획이다. 가보지 않은
능선에 대한 기대감과 섬 끝에서 만날 그림에 대한
호기심에 걸음이 경쾌하다. 산길 초입을 가려내자,
이후는 편하다. 예상보다 산길이 뚜렷해 마음이
놓인다. 푹신한 오솔길은 낮은 산답지 않은 중후한
숲향을 머금고 있어, 여행자 특유의 경직된 근육이
슬그머니 풀린다.

희미한 능선길의 단서를 붙잡았다. 선명한 둘레길을
두고 불편한 능선을 따라야 마음이 편한 건 어쩔
수 없는 산꾼의 숙명. 덤불의 기세가 한결 꺾인
계절이라 어렵지는 않지만, 나름 깔딱고개가 있어
100m대 산의 호통을 듣는 듯했다. 정상인 줄
알았으나 다음 봉우리가 정상이다. 고도를 살짝
내렸다 올라치자, 묵은 땀을 시원하게 날려버리는
왕재산 정상 팔각정이다.

비로소 베일을 벗는 끄트머리 경치. 바다를 처음
본 산골 소년마냥 거대하게 다가오는 절대적 풍경.
소이작 · 대이작 · 승봉도가 하나의 섬처럼 겹쳐서
바다의 산처럼 일어나고, 1000년 전에도 지금도
같은 풍경이었을 아늑한 정상의 시간. 앞으로 한 달
동안 아무도 오지 않을 것 같은 외진 산을 남겨두고,
간신히 떠난다.

소야반도 끝에서 만난 스산한 소리

산길 내리막 끝에 전망대가 있다. "횡~ 횡~"하는
기묘한 소리가 난다. 여인의 흥얼거리는 소리 같은
이상한 소리. 정체는 데크였다. 바닥과 데크 사이의
틈으로 센 바람이 지나며 나는 소리였다. 데크가
나팔수 역할을 하는 셈이다. 스산한 소리의 정체가
밝혀지자, 다가오는 어둠이 두렵지 않다. 강풍이
바다를 들었다 놨다하며 파도가 2~3m씩 솟구쳤다.
전쟁 같은 날씨 속에 노을은 곱디 고와서, 햇볕이
레이저처럼 어느 한 수면을 비추고 있었다. 말수
적은 늙은 어부는 저 바다에 가면 어디로 이어질지
알고 있을 것 같다.

소야도 둘레길 따라 3km를 걸었다. 생각났다는 듯 어둠이 찾아왔으나 두렵지 않다. 당나라 장수 소정방이 진을 쳤다는 흔적은 찾을 수 없었다. 소야도蘇爺島 이름이 소정방에게서 유래했다는 설과 섬이 하늘을 나는 새 모양이라 해서 새곳섬이라 부르던 것을 한자로 바꾸면서 그리되었다는 설이 있다.

조선 실학자 이중환의 '선경 덕적도'

화장실과 개수대가 있는 덕적도 서포리해변으로 간다. 먼저 불을 밝힌 몇 동의 텐트가 있어 안심되었다. 바람이 사나웠으나 조촐한 저녁은 아늑했다. 허기가 가시자 텐트를 두드리는 바람도 파도 소리도 자장가가 되었다. 별은 쏟아지지 않았지만 잠은 깊게 쏟아졌다.
이중환이 얘기한 아침이었다. 조선의 실학자인

그는 〈택리지〉에서 덕적도를 '바닷가는 모두 흰 모래밭이고, 가끔 해당화가 모래를 뚫고 올라와 빨갛게 핀다. 비록 바다 가운데 있는 섬이라도 참으로 선경이다'라고 표현했다. 오늘 해당화는 없지만 300년 전 사람의 말에 공감이 갔다. 고요로 넘치는 관대한 해변의 침묵은 아늑한 이불 같아서, 모든 걸 덮어주었다.

날아갈 듯한 산세의 정점, 비조봉

비조봉 산길에 들자 아침 잠이 사라진다. 시작부터 고도를 높이며 제대로 정신이 든다. 섬산답지 않게 숲이 의외로 다채롭다. 소나무, 두충나무, 팥배나무, 밤나무, 생강나무, 소사나무, 상수리나무, 누리장나무가 어우러져 식생이 다양하다. 150m 넘게 고도를 높이자 후덕한 인심으로 경치를 내어준다. 남쪽으로 동쪽으로 번갈아가며 시야가 터진다. 멀리서 봐도 고운 서포리해수욕장, 은밀한 굴곡의 밧지름해변이며, 숨겨진 해안선이 속속 드러난다. 아무리 속 좁은 이라 해도 비조봉에선 마음이 넓어지지 않곤 못 배길 것이 분명했다. 어렵지 않은 바윗길을 드문드문 지나 닿은 정상. 날아갈 듯 기와 올린 팔각정을 산불감시 어르신이 지키고 있었다. 국수봉으로 흘러가는 선 굵은 능선과 흘러내린 지능선은 덕적도의 장대함을 과시하고 있었다. 비조봉飛鳥峰(292m)은 날아가는 새를 닮은 산세라 하여 이름이 유래하며, 덕적군도를 호령하는 비경의 정점이다. 서포리마을로 하산해 간판 없는 중국집으로 유명한 곳에서 짜장면을 먹었다. 특별할 것 없지만 부족하지 않은 맛이다. 노부부의 푸근함과 낡은 테이블, 먼 섬 채취가 섞여 바다의 시간이 맛으로 스며들었다. 뭍으로 가는 길. 몇 달은 아무도 찾지 않을 산길이며, 이름 없는 해변들이 환하게 마중 나와 있었다. "콰르릉" 엔진 소리에 묵은 감정 던져놓고, 배는 간신히 떠나고 있었다.

산행이 즐거운 등산 명섬 덕적도 비조봉

산행 코스: 서포리해수욕장~어루재~호망재~깃대봉~
진고개~한월리해수욕장~선착장

산행 거리 & 소요 시간: 6km, 3시간

길 찾기: 조심할 것. 이정표 있으나 갈림길 많고, 여름에는 풀
높아

명소: 깃대봉 정상, 처녀바위, 한월리해변

매력: 덕적군도 대장섬 최고 전망대의 위용

산행이 즐거운 등산 명섬 소야도 왕재산

산행 코스: 때뿌루해변 고개~둘레길~희미한
능선길~정상 팔각정~반도 끝 삼각형
전망데크~둘레길~때뿌루해변

산행 거리 & 소요 시간: 6km, 2시간 30분

난이도: ★★ ☆☆☆

길 찾기: 둘레길 따라 걷다가 가로등과 벤치가 있는 곳에서
희미한 산길로 능선따라 감. 위성봉 넘어 팔각정 있는 곳이
정상.

명소: 정상 팔각정, 소야반도 끝 삼각형 전망데크.

매력: 소야반도 탐험하는 보급형 모험 산행. 한적한 외딴 섬
고요 즐길 수 있어.

모래 해변 아름다운 명섬, 서포리해수욕장

가는 방법: 진리항 도우선착장에서 찻길로 7km. 마을버스
이용시 15분 소요. 숙박 예약시 픽업 가능.

모래해변 길이: 1km

조수 간만 차이: 심함

화장실 유무: 있음

편의점 및 식당 유무: 편의점과 식당 있음. 덕적도 가장 큰
해수욕장이라 식당과 숙소 여럿

야영장: 별도의 야영데크 없으나 모래해변에서 야영 가능.
별도의 오토캠핑장 있음.

매력: 조선 이중환이 사랑한 해당화 피는 흰 모래 해변.
덕적군도의 해운대.

모래 해변 아름다운 명섬, 밧지름해수욕장

가는 길: 진리항 도우선착장에서 찻길로 3km. 마을버스
이용시 10분 소요.

모래해변 길이: 600m

조수 간만 차이: 심함

화장실 유무: 있음

편의점 및 식당 유무: 해변 입구에 펜션 2곳 있으나, 식당과
편의점 없음. 주차장(무료)과 화장실 있음.

테마별 길라잡이

야영장: 별도의 야영데크 없으나 소나무숲에서 야영 가능.
매력: 작고 소박하지만 단단한 모래해변의 단아한 아름다움.

모래 해변 아름다운 명섬, 때뿌루해수욕장

가는 방법: 진리항 도우선착장에서 찻길로 4km. 마을버스 이용시 15분 소요.
모래해변 길이: 500m
조수 간만 차이: 심함
화장실 유무: 있음
편의점 및 식당 유무: 야영장 매점 성수기에만 운영. 식당 400m 거리. 카페 900m 거리.
야영장: 마을번영회에서 캠핑장 운영. 데크와 노지 운영. 텐트 크기 따라 1박 2~3만원.
매력: 때 묻지 않은 깨끗한 해변의 노을과 별밤.

백패킹 명섬, 덕적도 소야도

추천 서포리해수욕장: 해변 소나무숲 또는 해변 모래사장. 마을 번영회에서 이용료 징수(화장실 있음). 오토캠핑장 1박 2만원. 개수대와 화장실 있으나 온수 없음. 넓고 시원한 해변과 편의점과 식당 있어 편리해.
추천 밧지름해수욕장: 서포리해변보다 작지만 단아한 매력 있어. 해안 소나무숲 야영. 성수기에만 야영료 징수. 화장실&주차장 있으나 편의점과 식당 멀어.
추천 소야도 때뿌루해수욕장: 덕적도에서 마을버스 타고

가야해. 덕적소야교는 차량 전용 대교(도보 금지). 작지만 깨끗하고 단아한 아름다움. 마을번영회에서 야영장 운영. 데크와 노지에 따라 야영료 달라. 1박 2~3만 원 선. 성수기 매점 운영. 화장실과 주차장 있어.

1박 2일 여행 명섬

추천 1일차: 서포리해변 버스 이동. 식당 식사. 해변 텐트 설치. 해변의 여유.
추천 2일차: 비조봉 산행, 식당 식사, 버스 선착장 이동.

2박 3일 여행 명섬

추천 1일차: 버스 이동 때뿌루해변. 텐트 설치. 식당 점심. 왕재산 산행~막끝단섬 전망대 걷기. 해변의 여유.
추천 2일차: 서포리 민박 이동(예약시 차량 픽업). 식당 식사. 비조봉 산행. 서포리해변의 여유. 식당 식사.
추천 3일차: 서포리해변숲 소나무숲 산책(바갓수로봉 산책/도로 3.5km 이동). 선착장 이동.

배편 인천항 연안여객선터미널에서 하루 3회 운항. 운항 편수와 시간은 매월 또는 주말과 평일에 따라 차이가 있으므로 선사와 여객선터미널 홈페이지에서 확인해야 한다. 차량 실을 수 있는 차도선은 1시간 50분, 승객만 탑승 가능한 쾌속선은 1시간 10분 소요. 성수기 주말에는 배표가 매진 될 수 있으므로 예약 필수.

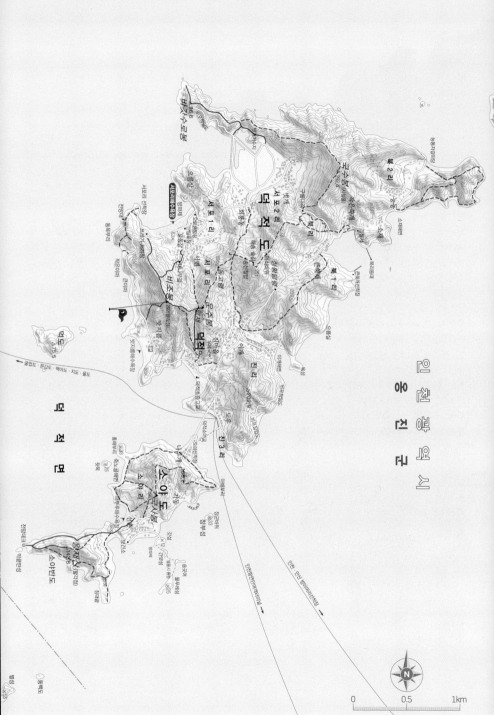

海

海

인천광역시

옹진군

덕적면

바깥수루봉 86.6

국수봉 202.2

국수2리

서포2리

덕적도

서포1리

서포2리

국수봉

서포3리

국수봉

덕적도

북2리

북1리

국수봉

진1리

진2리

진3리

소야1리

소야도

소야3리

소야2리

소야도

소야버도

굴업도·문갑도·백아도·지도·울도

N

0   0.5   1km

07 무의도 舞衣島

호룡곡산 276m (인천 중구 무의동)
배편 연륙교 있음. 영종도 거쳐 무의대교
건너서 입도
주의 사항 주말보다 평일이 쾌적. 주말 아침
일찍 방문시 주차 유리
매력 산행, 걷기길, 해변, 백패킹, 먹거리
모두 알찬 여행 보물섬
추천 일정 당일 또는 1박 2일
산행 난이도 ★★☆☆☆
(산행 거리 짧지만 가팔라)

10km
20여분 소요

인천공항1터미널
무의번 마을버스 또는
222번 버스 이용

무의도
큰무리선착장

서울에서 1시간 만에 만나는 무위자연

무위자연無爲自然의 경지가 이토록 가까웠던가.
보석 같은 바다는 늘 멀리 있는 줄 알았다. 서울에서
가까운 곳에, 이토록 품이 넓은 자연이 있는
줄 몰랐다. 차로 1시간 만에 배를 타지 않고도,
도시로부터의 망명 같은, 그림 같은 수평선이 있는
줄 몰랐다. 무의도舞衣島는 안개가 긴 날 배에서
바라보면 섬의 형상이 아름다운 춤사위인 듯하여
이름이 유래한다.

다재다능한 섬 무의도

무의도는 2019년 영종도를 잇는 다리가 개통되며
대중적인 섬 여행지로 인기를 끌고 있다. 섬 크기에
비해 볼거리가 다양한 것이 특징인데, 산행 명소인
호룡곡산, 영화로 유명해진 북파공작원 훈련

장소 실미도, 산책 삼아 걷기 좋은 둘레길이 있는
소무의도, 모래해변과 갯벌 · 해안 데크길 풍경이
일품인 하나개해변, 백패킹 성지로 떠오른 무의도
세렝게티까지 구석구석 다양한 매력을 품고 있다.
등산, 여행, 걷기, 낚시, 백패킹, 차박, 드라이브까지
모든 면에서 다재다능한 섬이다.

북쪽 해안선의 트레킹 둘레길

무의도 북쪽 해안선을 잇는 트레킹 둘레길은
큰무리선착장에서 시작된다. 가파른 계단은 엄포에
불과하다. 투명하지만 초록으로 느껴지는 향기가
숲을 가득 메운다. 능선길 대신 걷기길을 택하면
완만한 오르내림이 친절한 가이드처럼 쉽고 편한
길로 이끈다. 소사나무, 소나무, 노간주, 생강나무,
산초나무, 청미래덩굴, 누리장나무, 갈참나무,

졸참나무가 빼곡하다.

구낙구지와 웬수부리

평일에 찾는다면 파도 소리만 가득하다. 임경업
장군이 진을 쳤다는 '구낙구지'와 원수와 부딪치는
것마냥 파도가 거센 곳이라는 '웬수부리' 안내판이
재미있다. 고즈넉한 모래해변에서 시작되는 해안
데크길은 진수성찬처럼 걸음걸음이 감미롭다.
뒤엔 영종도와 무의대교가 보이고, 앞엔 동남아
발리섬에 온 듯 자연미 넘치는 풍경이다.

북파공작원 사연 담긴 실미도

데크를 따라가면, 남태평양 산호초 섬마냥
아리따운 섬이 등장한다. 영화로 유명한
실미도이다. 미세먼지 없는 맑은 날씨와 심도

깊은 파란 하늘이 어우러져 평소보다 더 화사하다.
누군가 "차로 올 수 있는 인천에 이런 곳이
있었냐"며 감탄하는데, 무의식적으로 공감하고
있었다. 북파공작원들의 슬픈 사연이 담긴 곳이라
믿어지지 않을 만큼 실미도는 아늑하고 평화로운
풍경이다. 데크 옆으로 붉은빛에 가까운 황토색
바위벽이 장쾌하게 길을 이끈다.

붉은 바위와 바다의 조화

무의도 트레킹 둘레길 B코스는 임도에서 시작된다.
짙은 숲과 흙이 깔린 임도. 차량보다는 사람이
걷기에 더 어울린다. 아름드리 소나무숲과 푹신한
흙길에 긴장이 풀어질 쯤, 홀연히 나타난 모래해변.
다시 시작된 데크길, 왼쪽은 붉은 바위벽이,
오른쪽은 실미도가 환상적인 경치를 깜짝 선물처럼

덥석 안긴다. 데크길 끝의 원형 전망대에 서자, 뙤약볕인데도 조망의 즐거움이 쉽게 놓아지지가 않는다.

아름다움은 작지 않은 작은하나개해변
둘레길이 끝나는 곳에 소박한 모래해변이 고요함에 휩싸여 있다. 반짝이는 바다, 서해답지 않게 힘차게 밀려오는 포말의 파도, 매끄러운 살결 같은 모래사장, 압도적인 태양, 외로운 점처럼 해변을 걷는 엄마와 아기, 외국 작가의 소설에서 본 것 같은 풍경이다. 북아프리카 카사블랑카의 낯선 해변마냥 매력적인 작은하나개해변이다.

재빼기고개에서 오르는 호룡곡산
해변 끝 소나무 그늘 아래 텐트 한 동이 있어

다가가보니. 은퇴한 60대로 보이는 남성이 캠핑 의자에 앉아 꾸벅꾸벅 졸고 있다. 원래 속해 있었던 풍경인양 잘 어울린다. 그렇게 무의도에서 무위도식하고 싶다.

바다와 산이 어우러진 정상
호룡곡산을 오르는 최단 코스는 재빼기고개에서 산행을 시작하는 것. 오르막에 몸을 던져 땀을 쏟아내면, 개운한 맛이 있는 전망데크가 마중 나온다. 절묘한 타이밍에 나타나 숨 돌리고 가라 권한다. 정상은 호룡곡산이란 비범한 이름에 비해 가볍다. 재빼기에서 1.2km 거리로 멀지 않다. 정상은 200m대 산 높이보다 더 시원한 경치로 등산객을 맞는다. 정상의 너른 전망데크는 한 숨 돌리고 경치를 즐기기 제격이다. 바다·섬·산·해변이

어우러진 경치가 어지러운 세상살이를 지워버린다.

붉은 해벽따라 걷는 하나개해변

소사나무 · 상수리나무숲 짙은 숲길로 가파르게
고도를 내리면 문득 해변에 닿는다. 숲 사이로
드문드문 너른 해변이 드러난다. 바닷물의 짠내와
숲내음이 묘하게 섞여있다. 기분 좋은 바람과
햇살이 무의도 해안가에 살고 있다.

해변 자체가 작품인 하나개

갈림길이다. 해안 데크길과 숲길로 나뉜다. 밀물
때면 바다 위를 걷게 되는 해안 데크길은 무의도의
또다른 명물이다. 데크길에서는 붉은 해벽을 볼
수 있다. 암벽등반으로도 유명한 하나개해변의
해안선은 바다와 바위의 드라마틱한 만남이다.
무의도의 하나밖에 없는 갯벌이라 하여 '하나개'란
독특한 이름이 생겼다.

경치의 용호상박

하나개해수욕장은 넓다. 썰물이면 수평선 끝까지
갯벌인 것 같은 착각이 들 정도다. 사막처럼
드넓은 해변을 걷는다. 하나개의 단순명료함에
스스로 점이 된 사람들이 드문드문 흘러간다. 고인
물웅덩이에 솟은 바위는 아무런 치장 없이 작품이
된다. 서해안 해넘이는 언제 봐도 질리지 않는
작품이다. 무의도의 밀물은 놀랄 만큼 빠른 속도다.
무의도의 춤사위가 절정으로 향하며 빨라지듯
바다가 갯벌을 삼킨다.

하나개해변의 식당가를 지나며 짧은 산행이
끝난다. 아기자기한 북쪽 해안선과 평화로운
실미도, 경치의 용호상박 호룡곡산 정상과 붉은
해벽까지. 당일치기로 둘러보기 벅찬 즐거움을
과식하였으나, 걸음은 산뜻하기만 하다.
단순명료한 아름다움으로 남은 하나개해변이
끝없이 펼쳐져 있다.

백패킹 명섬 무의도 세렝게티

이름 유래: 남쪽 해안선 끝의 수명이 다한 채석장 초원이
아프리카 세렝게티 같은 분위기라 하여 생긴 별명.
무의도의 첫 글자와 결합해 '무렝게티'라고도 부른다.
수도권의 대표적인 백패킹 입문 코스이자, 성지로 꼽힌다.

야영 가능 장소: 세렝게티(무료)

화장실 개수대: 없음

야영 형태: 바닷가 채석장 초원에 텐트 치는 방식

가는 법: 광명항 삼거리 초록카페 뒤편 흙길이 입구다. 산길
입구에 호룡곡산 등산 안내도가 있다. 등산로를 따라
오르다가 왼쪽 해안선 숲길로 2.5km 가면 닿는다. 1시간
정도 걸린다.

매력: 마을과 떨어진 외딴 바다의 낭만과 아리따운 노을.
그곳에는 다른 세상이 있다.

주의 사항: 별도의 화장실이 없으므로 20cm 이상 땅을
파서 대소변을 처리하고, 흙으로 덮고, 쓰레기는
되가져가야 백패킹 성지로 유지 될 수 있어.

광명항 거리: 산길과 해안선 바윗길로 2.5km. 1시간 소요.

부근 편의시설: 없음. 광명항에 편의점과 식당 있음.

주차: 광명항 노상주차장이 만차일 경우 500m 거리에
광명항 공영주차장 이용.

산행이 즐거운 등산 명섬 호룡곡산

산행 코스:
하나개해수욕장~정상~해안데크길~하나개해변

산행 거리 & 소요 시간: 5km, 3시간

난이도: 별 5개 중 2개(정상까지 짧지만 가파름)

길 찾기: 하나개해변에서 곧장 정상으로 이어진 코스와
재빼기고개에서 오르는 코스가 있다. 이정표가 있어
어렵지 않다.

명소: 호룡곡산 정상, 하나개해변 해안데크길

매력: 산행의 즐거움과 해안선 걷기의 즐거움을 짧은
산행에 모두 담았다

모래 해변 아름다운 명섬, 하나개해수욕장

가는 길: 무의도 서쪽 해변. 네비게이션
하나개유원지주차장 또는 하나개해수욕장 입력.

모래해변 길이: 800m

조수 간만 차이: 상당히 심함

화장실 유무: 있음

편의점 및 식당 유무: 있음
야영장: 여름 휴가철에만 마을에서 운영
매력: 썰물시 사막이라 불러도 좋을 거대한 갯벌이 펼쳐짐. 수도권답지 않은 깨끗한 바다와 거대한 망망대해.

차로 갈 수 있는 명섬, 무의도

가는 방법: 인천대교 또는 영종대교로 영종도 진입하여 인천국제공항고속도로 신불IC로 나와서 10km 가면 무의대교에 닿는다.
드라이브 코스:
무의대교~실미도유원지~하나개해수욕장~광명항 소무의도~무의대교
주차장: 하나개유원지 주차장, 광명항 공영주차장
대중교통 이용: 인천공항철도 인천국제공항1터미널에서 무의1번 마을버스 또는 222번 버스 이용

당일치기 여행 명섬, 무의도

도보 추천 코스 1: 큰무리선착장~트레킹 둘레길
A코스~실미도~트레킹 둘레길
B코스~하나개해변~호룡곡산 산행~하나개해변
도보 추천 코스 2: 호룡곡산 산행 후 차량으로 광명항 이동. 소무의도 둘레길.
도보 추천 코스 3: 하나개해변~호룡곡산 정상~광명항 방면~세렝게티~광명항
명소 위주 관광: 실미도유원지, 하나개해수욕장, 광명항

걷기길 좋은 명섬, 무의바다누리길

둘레길 소개: 무의도의 부속섬인 소무의도를 해안선따라 한바퀴 도보 순례하는 코스.
거리 & 소요 시간: 3km, 2시간 소요
기점: 광명항에서 시작하여 도보 전용 다리 건너 소무의도 순례
난이도: ★☆☆☆☆(낮은 산 오르는 구간 있으나 해발 74m로 낮고 짧아)
매력: 숲, 전망데크, 연운 깊은 해변, 카페, 정상 경치까지. 2시간 안에 도보 여행의 즐거움을 꽉꽉 눌러 담았다.

맛집 하나개해변과 광명항을 비롯한 섬 곳곳에 식당이 많다. 무의도대침쌈밥식당은 무의도에서 직접 농사지은 재료로 찬을 담근다. 직접 담은 재래된장, 굴쌈된장, 간장새우, 무장아찌, 돼지감자 장아찌 등이 나온다. 데침쌈을 여러 쌈장과 젓갈, 장아찌에 곁들여 먹을 수 있다. 무의랑물회랑식당은 물회와 투명한 감자만두가 별미. 광어, 세꼬시, 전복 등을 넣은 모둠물회와 회덮밥, 감자만두 등이 대표 메뉴다.

숙박 섬 곳곳에 펜션과 숙박 시설이 많다. 가장 규모가 큰 시설은 국립무의도자연휴양림이다. 재빼기고개에서 하나개해변 가는 길에 있으며, 바다가 보이는 국사봉 사면을 깎아 도로를 내고 건물을 지었다. 창밖으로 바다 경치가 보이는 것이 매력이나 인터넷 예약이 하늘에 별 따기로 불릴 만큼 어렵다. 숲속의 집 10동과 연립동 8개 객실을 운영한다.

서 해

용유도

순지동

공망이

조름섬

거잠포
신라가든

전주식당

인천공항자기부상철도

워터파크역(휴업)

공항터미널

제102

공항애

용유역(휴업)

네스트호텔

소나무식당

샛별

거잠포선착장

샛별식당

인천공항남측방조재

잠진도

매도랑

중 구

무의대교

웬수부리

구낙구지

인 천 광 역 시

진두곶

큰무리선착장

돌레길A코스

서어나무군락지

회전교차로

실미도해수욕장

사렴도

실미도유원지

큰무리
무의아일랜드

바닷길

49.0

유원지매표소

실미고개

큰무리해수욕장

실미도

둘레길B코스

100

무 의 동

전망대

국사봉
230

벤치

호랑이
선녀조형물

개안

용유초교
무의분교

전망대

작은하나개해변

무의복지회관

국립무의도자연휴양림

장이내땅뿌리

하나개해수욕장

포내

안산곶

하나개

사시미재

100

해안데크
탐방로

하나개해변

광명

호룡곡산
244

무의광명항
공영주차장

부처깨미

샘꾸미

광명항

떼무리

무 의 도

감나무골

샘꾸미선착장

소무의도

142

인도교
(차량진입금지)

무의바다누리길

썰물시 통행가능

무의도 세렝게티(해변 분지)

문바위

해녀도

N

0   0.5   1km

08 문갑도 文甲島

깃대봉 276m(인천 옹진군 덕적면)
주의 사항 인천에서 문갑도행 배1일
　　　　　1회 운항
매력 깃대봉 경치, 순백의 미인 같은
　　　한월리해변, 민박집 식사
추천 일정 1박2일
산행 난이도 ★★☆☆☆
(길 찾기 주의해야, 둘레길은
가시덤불 있어)

60km

인천항
연안여객터미널　　　　2시간 10여분 소요　　　　문갑도

고요로움으로 가득한 문갑, 열어볼까

문갑도文甲島는 섬의 생김새가 선비의 책상인 '문갑文匣'을 닮았다하여 이름이 유래한다. '물갑도'라는 별명은 계곡에 물이 많이 생긴 것이다. 물이 부족한 대부분 섬과 달리 일부 경작지에선 논농사를 했을 정도. 섬산 치고는 높고 깊은 깃대봉 덕분이다. 문갑도 최고 전망대인 깃대봉(276m) 정상에 서면, 막힌 속을 뻥 뚫어줄 만큼 시원한 경치를 볼 수 있다. 서정윤·조미옥씨와 함께한다.

잊지 못할 문갑도 할머니 집밥

친절한 목소리의 할머니께 민박을 예약했다. 문갑도는 한월리해변 야영과 함께, 마을 민박이 좋기로 유명하다. 선착장에서 예약한 민박집까지 거리는 700m에 불과한데, 어르신이 트럭으로 마중 나왔다. 펜션이 아닌 민박은 오랜만이다. 자상한 노부부의 집에 짐을 풀었다. 친절한 할머니 '집밥'을 먹는 것만으로 즐거웠다. 옛날 느낌과 '시골의 정'이 있는 것 같아 마음이 푸근해졌다. 먼 섬에서 백반을 가정식으로 주는 것도 놀라웠지만, 정갈하며 맵거나 짜지 않고 균형이 잡혀 있었다.

문갑의 여덟 가지 볼거리

대표적인 명소 여덟 곳을 묶은 것이 '문갑 8경'이다. 한월리해변, 처녀바위 전망대, 사자바위, 병풍바위, 진모래해변, 할미염, 당공바위, 벼락바위이며, 이중에서 접근성이 좋아 현실적으로 들를 만한 곳은 한월리해변과 사자바위, 벼락바위다. 할미염은 작은 돌섬으로 한월리해변에서 보인다. 첫 날에는 사자바위와 벼락바위를 거쳐 둘레길을 돌고, 둘째날 깃대봉 산행을 하는 일정이다.

100년 역사의 문갑교회

마을 입구의 예쁘장한 호수 데크인 유수지공원을 지나자, 소박한 성당이다. 천주교 공소로 일주일에 한 번 미사가 있을 때만 신부가 찾아온다. 이 작은 섬에 세 개의 교회가 있는데, 감리교와 장로교다. 당집도 있었는데 몇 년 전 만신이 눈을 감으면서 없어졌다고 한다. 감리교인 문갑교회는 100년이 넘는 역사를 자랑하지만 신도는 10여 명으로 단촐하다. 1964년 세워진 천주교 공소는 신자가 8명, 장로교인 구원교회는 신도 4~5명 정도로 알려져 있다.

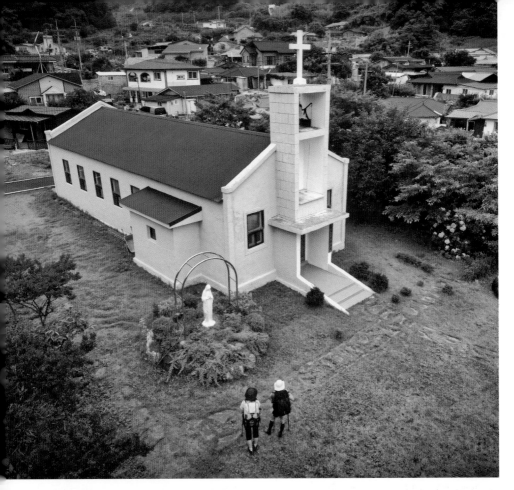

국내 어디서도 볼 수 없는, 자연 예술품

시멘트길을 따라 언덕을 넘자 산길 사거리인
어루재다. 산세가 작지 않아 신중을 기해 방향을
잡는다. 이후 갈림길이 나올 때마다 문제 풀이하듯
방향을 해석해 사자바위 갈림길에 닿았다. 바다로 난
숲길을 빠져나오자 햇살이 작열하는 바위가 외로운
싸움을 하고 있었다. 사자비위는 이름처럼 두 마리
사자가 바다를 향해 포효하는 모습이다. 마침 파도가
거칠어 바위에 부딪혀 파도가 몇 미터씩 솟구치곤
하는데, 마치 사자와 바다가 으르렁거리며 싸움을
하는 것만 같다. 사자바위 뒷면이 벌집바위다.
사자바위와는 전혀 다른 섬세하게 조각된 예술
작품이다. 벌집처럼 신기한 구멍이 난 바위로,
문갑도를 대표하는 기념사진 명소다.

둘레길의 오아시스 연못골폭포

둘레길이 점점 희미해진다. 이정표는 있으나
풀이 지나치게 높다. 아마 둘레길을 개통했을
때는 길이 번듯했겠지만, 찾는 이가 드물어 다시
자연으로 돌아간 것 같다. 이중삼중으로 덤불이
앞을 막다가도 다시 걸을 만한 길이 되길 반복했다.
엄나무가 특산인 섬답게 도깨비 방망이의 무자비한
가시가 속도를 느리게 만든다. 우리를 구원한

건 연못골폭포다. 은은한 물소리가 좋은 10m
바위벽을 따라 흘러내리는 작은 폭포는 수심이
무릎 정도로 더위를 날려버리기에 제격이다. 물의
차가움이 이루 말할 수 없다.

숨겨진 파라다이스, 한월리해변

진고개를 넘자 한월리해수욕장이 나타났다.
문갑도를 대표하는 명소인 한월리해수욕장은
속세를 모르는 순수한 미인 같은 모습이었다. 그
흔한 매점이나 카페 하나 없이, 깨끗한 모래와
소나무 숲이 전부인 게 오히려 좋았다. 해변 안쪽에
보석 같은 소사나무 그늘이 있어, 텐트 치고
야영하기에 안성맞춤이었다. 텐트 한 동 치고 한나절
쉬었다 간다면, 이곳이 천국일 테다.

출산이 임박한 여성의 초막, 할미염

한월리해변 앞에는 할미염이라는 작은 바위섬이
있는데, 이야기가 전한다. 과거 서해안과 황해도
일대의 섬에선 마을의 안전과 생업의 번창을
기원하는 대동굿을 올렸는데, 출산이 임박한
여성이 있으면 부정 탄다고 하여 이곳에 초막을
지어 보냈다. 여기서 태어난 아이를 '할미염네'라고
불렀다고 한다.

1,000명 주민이 70명이 되다

과거 1960~1970년대에는 새우가 넘쳐나
주민이 1,000명을 넘긴 적도 있었다. 잡은
새우는 문갑해변과 한월리해변의 저장고로 옮겨
새우젓으로 숙성했는데, 보관을 위한 장독 공장
수준의 가마도 2곳이 있었다. 그러나 새우가
고갈되고, 양철 드럼통이 유통되면서 장독 가마의
불씨도 꺼지며 내리막을 타 지금은 인구 70여 명만
남았다.

깃대봉 산길 잘 정비되어 있어

다음날, 깃대봉을 찾았다. 둘레길과 달리 고속도로
수준으로 산길이 잘나있다. 처녀바위에 올라서자
시야가 트이며 굴업도가 나타난다. 순둥한 곡선의
굴업도가 해무 속에서 흘러가고 산을 찾은 이는
아무도 없이 고요했다. 주민들도 하나같이 말을
나긋하게 하고, 인심이 넉넉하다. 엄나무가 특산품이
아니라 평화가 특산품인가 싶었다.

덕적군도의 전망대, 깃대봉

깃대봉 정상은 덕적군도가 훤히 드러나는
전망대다. 데크로 깔끔하게 정비되어 있는데,
가운데에 구멍을 내어 정상의 자연미를 살렸다.
정상에서는 맞은편 선갑도가 가깝게 드러난다.
이름만 들으면 문갑도의 형제 섬격인 선갑도는
옹골찬 바위산 특유의 힘을 과시하고 있어 눈길을
끈다. 넷플릭스 드라마 '오징어게임' 배경이 된
무인도이다.

문갑도는 평화가 제철

깃대봉 산길은 자연미로 가득하다. 산을 나와
마을로 들어서면 인심 좋은 주민들이 웃으며
맞아준다. 선착장 부근의 민박집 마당 의자에
앉아 있으면, 노란 새끼 고양이가 다리를 타고
올라와 재롱을 부린다. 차량 소음 없는 민박집에서
흘러가는 구름을 바라보면, 차분히 몸과 마음이
정돈된다. 제철을 맞은 평화가 마음에 내려앉는다.

백패킹 명섬 문갑도

야영 가능 장소: 한월리해수욕장(무료)

화장실 개수대: 있음(12.1~2.28 겨울에는 폐쇄)

야영 형태: 해변 모래사장에 텐트 치는 방식.

매력: 마을과 떨어진 고요한 해변의 낭만. 잔잔한 볼거리인 벼락바위와 할미염.

주의 사항: 주민 반대로 '야영 금지' 되지 않도록 자발적으로 쓰레기와 대소변 깨끗이 처리하는 노력 필요해

선착장 거리: 시멘트로 700m. 도보 20여분.

부근 편의시설: 없음.

산행이 즐거운 등산 명섬 깃대봉

산행 코스: 선착장~어루재~호망재~깃대봉~ 진고개~한월리해수욕장~선착장

산행 거리 & 소요 시간: 6km, 3시간 30분

난이도: ★★☆☆☆

길 찾기: 조심할 것. 이정표 있으나 갈림길 많고, 여름에는 풀 높아

명소: 깃대봉 정상, 처녀바위, 한월리해변

매력: 산행 쉬우면서도 깨끗한 원시림과 시원한 경치 즐길 수 있어

모래 해변 아름다운 명섬, 한월리해수욕장

가는 길: 선착장에서 해안선 시멘트 찻길을 따라 700m 도보 이동.

모래해변 길이: 500m

조수 간만 차이: 심함

화장실 유무: 있음(겨울철 폐쇄 12월1일~2월 28일)

편의점 및 식당 유무: 없음

야영장: 별도의 야영데크 없으나 모래해변에서 야영 가능.

매력: 선착장따라 20여분을 걸어 고개를 넘으면 은밀히 드러나는 순결한 해변. 한 번 다녀간 이는 그리워하게 되는 하얀 해변의 고요.

1박 2일 여행 명섬 문갑도

추천 일정 1일차: 민박집 점심, 사자바위(벌집바위) 방문, 깃대봉 산행, 민박집 저녁식사.

추천 일정 2일차: 한월리해수욕장 산책, 선착장 앞 여행자센터 카페.

일정 해설: 민박집 시골 집밥의 풍미, 국내 어느 섬에서도 볼 수 없는 독특한 사자바위와 벌집바위 구경, 깃대봉 정상에서 스트레스 날려버리기. 민박집 마당에서 고요를 곁들인 별구경. 건물 하나 없는 순수한 한월리해수욕장 맨발로 걷기.

맛집 식당이 없다. 민박집에서 제공하는 백반이 별미. 현지에서 난 신선한 생선과 소라, 나물을 곁들여 가격 대비 맛이 훌륭하다. 문갑도 특산물인 엄나무순 장아찌와 가시리국 맛도 일품이다.
시골집 집밥 같은 정성과 풍미가 있다. 1인분 10,000~12,000원 선. 6~7가지 반찬에 국이 나온다. 고기나 회를 별도로 주문할 수 있으며, 재료 준비를 위해 며칠 전에 전화로 요청해야 한다. 소주와 맥주도 민박집에 따라 준비된 곳이 있다. 한월리해변에서 야영 하더라도 민박집에 따라서는 식사만 가능한 곳도 있다.

카페 선착장 앞 '문갑도 여행자센터'가 카페를 겸하고 있다. 섬 내 유일한 카페이며, 나래호 출항 시간에만 문을

연다. 매일 오후 1시부터 오후 2시 30분까지 영업한다. 2024년 문을 연 최신 시설이며, 바람을 피해 쾌적한 실내에서 커피를 마시며 바다 경치를 음미할 수 있다.

숙박 최신 펜션을 찾는다면 불편하지만, 시골 민박의 푸근함을 찾는다면 문갑도가 정답이다. 문갑도에는 대형 숙박시설이나 최신 시설은 없다. 대부분 주민들이 운영하는 가정식 민박이다. 시설은 연식이 있으나 노부부가 내어주는 잠자리와 백반은 두고두고 추억으로 남을 만하다. 민박집에 따라 차이는 있으나 3~5명 숙박 가능한 방이 1박에 6만원 내외다.
마을이 한 곳뿐이고, 선착장에서 300~400m로 멀지 않지만 예약을 하면 트럭으로 마중 나온다.
바다향기민박(010-6259-0089), 광복호민박(010-6286-7343), 바다가보이는집민박(010-8697-8377), 해오름민박(010-4566-9943) 등이 있다.

배편 2024년 11월 25일부터 인천항과 문갑도를 잇는 직항편이 생겼다. 과거에는 덕적도로 와서 나래호를

갈아타고 가야했다. 나래호와 직항편인 해누리호가 모두 운항한다. 안천항 연안여객터미널에서 매일 오전 9시에 해누리호가 문갑도로 간다. 11시 10분에 도착하며, 2시간 10분 걸린다. 문갑도를 거쳐 나머지 4개 섬인 굴업도, 백아도, 울도, 지도를 순회하여 문갑도(13:35)에 들렸다가 인천(15:45)으로 돌아간다. 덕적도를 기점으로 운항하는 나래호도 하루 한 번(11:20) 문갑도를 비롯한 4개섬을 순회한다. 15~20분 정도 걸린다.

문갑도 등산지도

09 백아도 白牙島

남봉 144m(인천 옹진군 덕적면)
배편 인천항 연안여객터미널→ 백아도
주의 사항 인천항에서 백아도행 배 1일
　　　　　 1회 운항
매력 남봉 미니 공룡능선의 거친 암릉미
추천 일정 1박 2일
산행 난이도 ★★★☆☆
(가파른 바위벼랑 많지만, 주의하면
어렵지 않아)

70km

●------------------------●
인천항　　　　　 3시간 20여분 소요　　　　 백아도
연안여객터미널

덩그러니 남는 맛, 백아도

이윽고 정적이었다. 시끌벅적하던 객실이 순식간에
텅 비었다. 굴업도의 인기를 새삼 실감하자,
차도선은 한층 가벼운 몸짓으로 다음 섬으로
향했다. 어느새 나이 들고, 사람 떠나보내는 게 이런
기분일까. 덩그러니 남아 빈 공간을 삼키노라면,
덧없는 파도와 애틋한 파도가 번갈아 출렁이며 속을
뒤집어 놓았다.
인천에서 3시간 20분. 파도에 일렁이는 몸
하나 감당키 어렵다는 걸, 뼈저리게 느낄 때쯤
백아도였다. 오혜진 · 김지영씨의 얼굴에서는
설렘보다는 지친 기색이 묻어났다. 아침 배를 놓치지
않으려 새벽부터 일어나 이어온 여정이다.

붓으로 칠한 파랑에 살포시 얹힌 섬

안도감 드는 첫인상이다. 몰디브처럼 투명한 바닷물,
모히토처럼 상큼한 신록. 낮지만 다정다감한 풍경.
우리 일행 말고도 함께 내린 여행객 3명이 더
있었으나, 산행 채비를 하는 사이 모두 사라졌다.
파도 소리만 남은 세상. 지도의 서쪽 끝에 온 듯

고요하다. 붓으로 칠한 것 같은 파랑에 살포시 섬
몇이 얹혀 있었다. 구름처럼 고즈넉하게 덕적군도는
흘러가고 있었다. 이토록 강렬한 적막감이라니,
자연 그대로의 고요가 우리를 맞아주었다.

분꽃 향기 날리는 흰 상어 이빨

'흰 상어 이빨을 닮았다 하여 이름 지어졌다'는
백아도 등산 안내판 옆으로 산길이 담백하게
나있다. 대부분의 사람들은 선착장에서 도로를
따라 '백아도 공룡능선'으로 불리는 남봉으로
곧장 가지만, 선착장부터 산줄기 따라 종주하는
느린 방법을 택했다. 자연미 있는 희미한 산길이
백아도의 첫 인상과 잘 맞아떨어진다. 정비를
하지는 않았으나 잊을 만하면 이정표가 있고, 조금
희미하지만 명료한 산길이다. 문득 다가오는 여인의
향기, 분꽃이 분홍 팡파르를 터뜨렸다. 분꽃나무
자생지로 유명한 섬답게 아찔한 향기가 진동한다.
보라색 붓꽃, 흰색 봄맞이꽃, 노란색 애기똥풀도
피었으나, 물량으로 쏟아 붓는 분홍의 화려한
고백에 미치지 못한다.

아무도 모르는 섬에서 홀로 황홀해 볼까

낮은 100m대 산줄기이지만 산행의 맛은 나름
깊이가 있다. 오르막을 쳐 오르자, 분꽃의 작전을
알 것 같다. 호흡이 깊어지며 몸이 향기로 차올라,
속된 속내가 분홍으로 물든다. 강제로 흠뻑 향기에
젖어 발끝까지 이어지는 아찔한 감각의 천국.
아무도 모르는 섬에서 홀로 황홀하다는 고마운
착각, 백아도의 선물이다. 경치는 없고 삼각점만
있는 봉우리를 넘자 슬그머니 고도를 내리며 숨결을
가라앉힌다. 그러곤 다시 오르막, 100m대 능선의
고춧가루는 힘들기보다 맛있게 매콤하다. 이 정도
오르막도 없었다면 몸이 개운하지 않았을 터.

망망대해 건너느라 외로웠던 바람

능선의 흐름이 슬쩍 꺾어지는 곳에서 걸음을
멈춘다. 지능선 벼랑 숲에 희미한 산길이 있다. 나무
그늘 아래 식사 터와 모처럼 나타난 바위. 점프를
해야만 오를 수 있는 바위에 올라서자 바람이 와락
안겨온다. 지상의 파랑과 하늘의 파랑이 만나는
단순명료한 풍경. 먼 허공 건너오느라 '외로워

죽을 뻔했다'며 참아온 속내를 풀어놓는 바람.
가만히 바람 앞에 서 있었다. 백아도 토박이가 된
것 같다. 젖은 마음, 바람에 마르며 걸음이 갈수록
명랑해졌다.
축제는 지금부터다. 경치에 인색한 육산 능선인줄
알았는데, 맛깔난 경치를 푸짐한 밥상으로 차려
낸다. 벼랑 앞에서 확 터지는 백아도 산줄기.
아담하게 첩첩기묘하다. 조각 같은 해안절벽,
낭만적인 산벚꽃, 지리산 주능선처럼 뻗은 선명한
산길, 더 이상 섬이 없는 망망대해.
인천에서 온 배는 떠났고, 등산객은 우리뿐이다. 섬
산행 특유의 행복이다.

백아도에 나타난 더스틴 호프만

뙤약볕이 쏟아지는 들판을 지나 굵고 짧은 오르막을
삼켜내자, 벼랑 끝에서 만나는 작품. 그동안 꽁꽁
숨겨둔 해안선이 드러나며, 맘모스 닮은 거대한
암봉이 존재감을 과시한다. 드라마틱하게 뻗은 커튼
무늬의 절벽, 당장 영화 '빠삐용'의 주인공이 나타나
"이놈들아! 나는 이렇게 살아 있다!" 고함지르며

바다로 뛰어들 것 같다. 백아도와 더스틴 호프먼 조합이라니, 혼자 바보처럼 미소 짓기에 충분했다. 탑이 있는 봉우리다. 탑은 무선기지국 시설이다. 폐허가 된 막사 건물은 과거 군부대 레이더 기지가 있는 흔적. 지금은 풍력발전기 3개가 쉬지 않고 돌며, 기지국 전력을 감당한다. 그래서인지 폰이 잘 터진다.

상어 이빨 위에서의 하룻밤

하산길 같은 내리막을 내려서자 드디어 남봉 입구의 도로. 이제야 시작된 만찬의 시간, 200m 만에 나타난 상어 이빨 같은 바위는 저돌적이다. 예열 없이 곧장 화려한 바위능선으로 산꾼의 마음을 사로잡는다. 고도감 있는 절벽과 파스텔톤 바다, 기암능선이 들려줄 능선 마디마디가 궁금해 참을 수 없으나, 해는 기울고 바람이 차갑다. 적당한 터에 텐트를 치고 배낭을 푼다. 식은 도시락이 이토록 맛있던가, 서로 맞장구치며 초라하지만 호텔 뷔페와도 바꾸고 싶지 않은 저녁을 음미한다.

섬 자체가 꽃 같은 오섬

희멀건 아침. 깔끔한 해돋이는 없으나 어제보다 맑은 오늘이다. 간식으로 아침을 때우고 남봉 정상으로 향한다. 어렵지 않은 바윗길에 아리따운 낭떠러지의 연속이다. 오른쪽으로 수평선만 펼쳐지고, 왼쪽으로 덕적군도의 섬이 섬섬옥수의 손으로 놓은 바둑돌 같다. 만날 수도 이별할 수도 없는 섬들의 간극에 귀 기울이면, 웅장한 고요가 무럭무럭 피어오르것만 같았다. 감미로운 절경의 섬에 갇힌 듯, 기분 좋은 고립감이다. 남봉 정상은 옹색하나, 지나온 상어 이빨을 한눈에 보여 준다. 정상에서 바다 쪽으로 진행하자 예상 못 한 선물이 있다. 백아도 부속섬인 오섬이 만개한 꽃처럼 예쁘장한 색감으로 에메랄드빛 바다에 솟았다. 산벚꽃, 소사나무 신록이 버무려져 기념사진을 찍기 제격이다.

백아도에 두고 온 마음

다시 미니 공룡능선을 타고 돌아가는 길, 백상어의 이빨이 눈부시게 아름다워 걸음이 느려졌다. 배 시간이 가까워 오는데, 백아도가 계속 물어온다. '진정 나를 두고 가나.' 친절하게 뻗은 길을 따라 걸었을 뿐인데, 섬에 갇혔다.

백패킹 명섬 백아도

인기 야영 장소: 남봉 바위 능선
화장실 개수대: 없음
야영 형태: 벼랑 위 바위 능선
매력: 서해 끝 망망대해에 솟은 작은 공룡능선의 낮과 밤.
주의 사항: 화장실 없으므로 휴대용 대소변 응고제품 필요해. 야영 터가 좁고 텐트 펙peg을 바닥에 고정할 수 없는 환경이다. 야영 터에 따라서는 텐트를 고정할 돌도 없어. 주의해야 한다. 남봉에 텐트가 다 찼을 경우 보건소해변이 대안적인 야영터로 꼽힌다. 화장실이 있다.
찾아가는 법: 선착장에서 도로 따라 3km 걸어서, 남봉 산길 입구 도착. 산길 600m 가면 1~2인용 텐트 4~5동 칠 수 있는 바위 위 평평한 터 닿아. 섬 내 민박 3곳 있으며, 비용 내고 트럭으로 남봉 입구까지 가는 방법과 선착장부터 종주하여 가는 방법이 있다.
부근 편의시설: 없음. 섬 내 편의점 없음.
화장실: 보건소마을 해변과 발전소마을에 한 곳씩 있다.

산행이 즐거운 등산 명섬 남봉

산행 코스: 선착장~봉화대~공용기지국~당산~남봉~ 남봉 입구 도로~보건소마을(도로)~선착장
산행 거리 & 소요 시간: 10km, 6시간 소요. 선착장에서 남봉까지 5.5km(산길로만 갈 경우)
난이도: ★★☆☆☆
길 찾기: 선착장 택배 보관소 옆 산길이 들머리.
명소: 전망바위, 남봉 공룡능선, 보건소해변
매력: 깨끗하고 인심 좋은 외딴 섬. 작지만 섬세한 백아장성(백아도 남봉) 바다 경치.

1박 2일 여행 명섬 백아도

추천 일정1일차: 민박집 점심, 남봉 산행, 남봉 공룡능선 백패킹.
추천 일정2일차: 하산, 민박집 점심(예약 필수), 선착장.
일정 해설: 선착장과 가까운 보건소마을에 민박 2곳, 남봉 부근 발전소마을에 민박 한 곳이 있다. 식사 후 트럭을 얻어 타고 남봉 입구까지 가는 것도 좋은 방법. 식사는 미리 예약해야만 가능하다. 남봉 백패킹 후 민박에서 식사로

마무리하면 백아도 여행을 가볍게 마무리 할 수 있다.

맛집 & 숙박 섬 내에 3곳의 민박이 있다. 식당이나 카페, 편의점은 없다. 민박에서 매점처럼 간단한 것들을 판매하기도 한다. 민박에 예약하면 가정식 식사(12,000~15,000원)를 먹을 수 있다. 8가지 반찬에 국과 생선 구이가 나온다. 비용을 추가하면 회나 고기를 예약시 주문할 수 있다. 숙박을 예약하면 선착장에서 트럭으로 픽업해준다. 1박 방 하나에 6~8만원 선. 선착장에서 보건소마을까지 900m 거리이며, 발전소마을까지 3.3km. 보건소마을 해변민박(010-5251-0768), 바다민박(010-3758-4274), 발전소마을

큰마을민박(032-834-8663). 뱃시간에 맞춰 운행하는 셔틀버스가 있으나 주민만 탑승 가능하다.

배편 2024년 11월 25일부터 인천항과 백아도를 잇는 직항편이 생겼다. 과거에는 덕적도로 와서 나래호를 갈아타고 가야했다. 나래호와 직항편인 해누리호가 모두 운항한다. 인천항 연안여객터미널에서 매일 오전 9시에 해누리호가 백아도로 간다. 3시간 20분 정도 걸린다. 덕적도에서 백아도를 비롯한 4개 섬을 순회하는 나래호도 매일 운항한다. 덕적도를 기점으로 운항하는 나래호도 하루 한 번 백아도를 비롯한 4개 섬을 순회한다. 매일 오전 11시20분에 출발하며 12시 45분에 도착한다.

백아도 등산지도

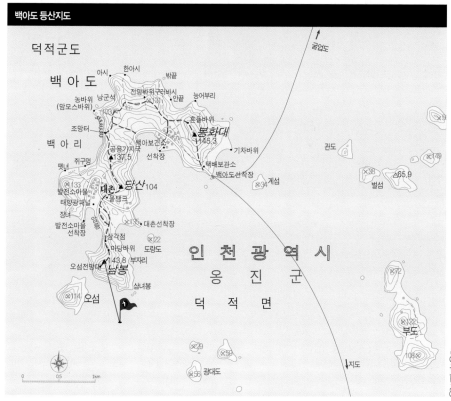

ⓒ동아지도 제공

10 백령도 白翎島

용기원산 136m(인천 옹진군 백령면)
배편 인천항 연안여객터미널→ 백령도
주의 사항 오전 오후 1회씩 하루 2회 운항
매력 비행기가 착륙할 수 있는 넓고 단단한
　　　해변과 물범 있는 바다
추천 일정 2박 3일
산행 난이도 ★☆☆☆☆
(산행보다는 해안선 명소 위주로 둘러보는
것이 낫다)

200km

인천항　　　　　　3시간 40분 소요　　　　　백령도
연안여객터미널

심청전의 발상지, 백령도

효녀 심청이 실존 인물이라는 설이 있다. 설화의 내용과는 조금 차이가 있다. 중국 상인들은 배에 있던 비단으로 심청의 몸을 꽁꽁 싸서 바다에 빠뜨렸다. 이 비단 속 공기 덕분에 심청은 가라앉지 않고 바다에 뜬 채 조류에 밀려 덕돔포라는 포구에 이른 것.

기이하게 여긴 마을 사람들이 사또에게 알렸고, 측은지심이 생긴 사또는 심청을 이곳에 정착하게 해주었다. 그런데 사또의 아들과 심청이 눈이 맞아 혼인을 하게 되었고, 시아버지인 사또가 맹인잔치를 열어 아비인 심 봉사를 만나게 해주었다는 이야기다. 이것이 부풀려져 지금의 '심청전'이 되었다고 한다. 심청전 배경에는 여러 견해가 있으나 고려시대 황해도와 부속 섬 일대에서 시작한 이야기라는 것이 정설이다. 예부터 전해오는 판소리 심청가는 "옛날 옛적 황주(황해도 황주군)땅 도화동에 한 소경이 살았는데…"로 시작한다.

한국민속학회의 향토사학자와 교수들이 1995년 백령도를 찾아 심청전의 배경을 조사한 후 '단순히 허구적 설정은 아니다'는 결론을 내렸다고 한다. 심 봉사가 공양미를 바친 절이 있었다는 절터가 백령도

중화동 산기슭에 있으며, 연화리와 연꽃바위 같은 지명도 심청전과 관련 있을 것으로 추측했다. 지명과 구전설화, 옛 상인들의 이동 경로를 종합했을 때 백령도가 심청전의 발상지로 유력하다고 주장한바 있다.

용기원산 정상에서 본 장산지맥

선착장에서 가까운 명소부터 하나씩 둘러보기로 했다. 끝섬전망대라 불리는 해발 136m 용기원산 꼭대기를 차로 올랐다. 곧장 북한이 펼쳐졌다. 이토록 쉽게 북한땅을 볼 줄은 몰랐다. 길게 뻗은 육지는, 바다를 향해 돌진하는 한 마리 용 같은 산줄기였다. 망원경에 눈을 대자 희끗한 바위산의 진면모가 곳곳에 드러난다.

침이 꼴깍 넘어가는 맛깔스런 산줄기. 해서정맥에서 갈라져 나온 장산지맥이 옹골찬 산세로 힘 있게 뻗어 있었다. 해발 300~400m의 지맥이란 것이 믿기지 않을 정도로 옹골찬 산줄기는 압도적이다.

비행기가 착륙할 수 있는 사곶해변

비행기가 착륙할 수 있는 해수욕장으로 유명한 사곶해변을 찾았다. 모래해변임에도 바닥이 단단해

수송기 이착륙 장소로 쓰이는 3km의 거대한 해변은 그 자체로 천연기념물이다. 광활한 해변을 맨발로 걸었다. 젖어 있으나 발에 흙이 묻지 않았다. 단단하면서도 부드러운 촉감, 투명한 파도는 깊은 산 얼음골마냥 차가웠다. 썰물보다 밀물이 더 강해 밀려온 모래가 축적되었다고 한다. 모래의 주성분인 석영이 매우 단단해 마모되지 않는데다 바닷물이 접착제 역할을 해서 해변이 단단해진 것.

물범 볼 수 있는 물범바위

차를 몰아 물범바위로 갔다. 내비게이션과 포털지도의 정확도가 떨어져. 이정표와 인터넷 정보를 종합해 길을 찾아야 했다. 기다렸다는 듯, 작은 안내소에 상주하는 지질공원 해설사가 나와 알던 사이인양 친근하게 설명해 주었다. 물범이다. 야생 물범을 본 건 처음이다. 바닷가 암초에 터를 잡아 낮잠을 자고 있었다. 일행들은 망원경에 눈을 대는 족족 작은 탄성을 질렀다. 13마리 정도가 살고 있는데 3월부터 11월까지 이곳에 살고, 이후에는 더 북쪽인 중국 대련 해안으로 간다. 섬에서 6km가 건널 수 없는 NLL이며, 물범바위는 3km 떨어져 있는데 눈으로는 1km 거리인양 가까워보인다.

눈으로 확인한 인당수

다시 차를 탔다. 명소만 빠르게 보고 지나치는 가성비 관광객 같아 서운했지만, 시간 관계상 이것이 최선이었기에 쫓기듯 다음 목적지로 향한다. 백령도는 우리나라에서 8번째로 큰 섬에 속할 정도로, 스케일이 있는 섬이다. 심청각은 북한 전망대라 불러도 좋을 정도로 장산곶을 향해 뻗은 산줄기가 잘 보인다. 백령도와 북측 장산곶 사이의 바다는 심청이 몸을 던진 인당수로 여겨지고 있어, 인당수가 잘 보이는 진촌리에 심청각을 세웠다고 한다.

인당수는 이토록 넓고 거친 바다였음을 눈으로 확인한다. 효심이 있다고 하여 죽으러 바다에 뛰어들 수 있을까. 눈 먼 아버지를 위한 딸의 마지막 선물, 눈물 나도록 가난했던 세상살이의 단면이 결국 설화가 되었다. 마지막 목숨 쏟아내어 아비를 살리려 했으니, 설화가 될 만한 효심이었다.

"이 세상 것이라 할 수 없는 신의 작품"

해가 지기 전에 닿으려 빠르게 차를 몰았다. 조선 중기 의병장이던 이대기는 백령도로 유배 와서 이 해안을 보고 '이 세상의 것이라 할 수 없는 신의 마지막 작품'이라 그의 저서 〈백령지白翎誌〉에 적었다. 백령도의 백미로 꼽히는 두무진頭武津이다. 두무진은 선착장이 있는 용기포 정반대에 있다. 섬 북서쪽 해안 4km 정도에 펼쳐진 기암 해안선이다. 두무진 바위들은 하나하나가 전설 몇 개쯤 지녔을 법한 거인들이다. 선대암, 장군바위, 형제바위, 코끼리바위 등 갖가지 형상을 띤 바위들이 절경을 이루고 있다. 원래 머리털이 솟은 듯 바위가 생겼다 하여 두모진頭毛鎭으로 불렸으나, 러일전쟁 때 일본 병참기지가 꾸려진 이후 장군들이 회의하는 광경을 닮아 두무진으로 바뀌었다.

두 바위 사이로 노을이 진다

포구 끝에서 데크를 따라 기암 천국으로 향했다. 짧은 해안선을 지나 산길로 들었다. 모처럼 밟는 흙길에 이제야 고향에 온양 안도감이 들었다. 해안선 꼭대기 전망데크에 닿자 신선이 놀았다는 선대암이 있었다. 거대한 바위벽에 새겨진 10억 년 세월의 나이테, 미국 애리조나 사막의 세도나를 축소해 놓은 것 같았다. 겨울 북풍에 맞서는 막강한 힘의 방어막인양 든든한 기운이 실려 있었다. 계단을 따라 바닷가로 내려서자 누구라도 기념사진 찍을 법한 구멍 바위가 있었다. 그 옆 해변에는 쌍검처럼 솟은 형제 바위가 잔뜩 날을 세운 채

카리스마 있게 서있었다. 마침 두 바위 사이로 노을이 지고 있었다. 종교 없는 이도 경외심을 가질 만큼 대자연의 장엄함이 바다를 뜨겁게 달궜다. 적당히를 모르는 혼신을 다한 해넘이가 마음을 움켜쥐었다. 넋 놓고 바라보는데, "나가셔야 합니다!"하는 외침. 오후 5시가 넘자, 병사들이 칼같이 민간인을 내보내고 있었다. 백령도는 저녁이 되면 모든 해안선 출입이 통제된다.

살바도르 달리의 해변

1박 후 BAC 인증지점을 찾았다. 백령호수 귀퉁이에 있는 대형 비석. '서해 최북단 백령도' 글귀에서 세상 끝 아득한 곳에 온 것 같은 낯설음이 실감난다. 길 건너 제방에 올라서자 살바도르 달리의 바다였다. 아무도 없는 해변은 꽤 오랫동안 우리를 기다린 듯했다. 단단한 모래와 물, 바위 외에는 아무 것도 없는 단순명료함의 극치. 초현실 공간에 온 듯, 시간이 녹아내리고 있었다. 창바위는 신이 떨어뜨린 창이 백사장에 꽂힌 듯했다. 치열한 신들의 전쟁이 끝나고, 지상에 꽂힌 창. 살육에 진절머리가 난 듯 고요하고 싶어했다. 바람과

파도 외에는 아무도 찾지 않는 해변, 붉은 간판이 눈에 띄었다. '대한민국은 여러분을 환영합니다. 전화기의 신호단추를 누르면 안전지역으로 안내하겠습니다'라는 문구에 서해 최북단 섬으로 화들짝 돌아온 기분이었다.

천안함 위령탑에서 숙연해지다

차를 몰아 천연기념물로 지정된 해변을 찾았다. 규암이 물결에 닳아 콩만 해진 돌이 해변을 메우고 있었다. 해설사가 해안 입구에서 "해변의 돌은 몰래 가져갈 수 없다"고 주의를 주고 있었다. 그만큼 돌은 앙증맞았다. 파도가 빠져 나갈 때마다 "찰그르르르"하는 귀여운 소리를 냈다. 인천으로 가는 배 시간이 임박했다. 한 군데 들를 시간만 남아 있었다. 천안함 위령탑으로 향했다. 이 먼 바다에 잠든 장병들을 보고 싶었다. 바다가 잘 보이는 언덕 위에 46용사의 위령탑이 있었다. 안내판에 천안함이 피격된 위치까지 상세하게 나와 있었다. 유독 바람이 차고 바다는 울분에 차 있었다. 아직 떠나지 못한 혼이 있는지, 바람이 애절한 소리를 내며 스쳐갔다. 오래도록 곁에 있고 싶었다.

테마별 길라잡이

북한 조망 명섬, 백령도

온통 북한 땅이다. 바다 건너 보이는 육지는 모두 북한이다. 조망 명소는 용기원산(136m) 정상인 끝섬전망대와 해발 100m에 이르는 심청각 전망대, 두무진이다. 백령도 북쪽 해안선 여간한 곳에서는 북한 땅이 잘 보인다. 넓은 섬이고 오르내림이 있어, 차량이 있어야 효율적으로 둘러볼 수 있다.

모래 해변 아름다운 명섬, 사곶해변

가는 길: 용기포여객터미널에서 2km 차로 5분 거리.
모래해변 길이: 3km
조수 간만 차이: 심함
화장실 유무: 있음
편의점 및 식당 유무: 해변 500m 이내에 드문드문 식당이 4~5곳 있다. 해변 앞에는 편의점이 없다.
야영장: 최전방이라 해안선 야영 금지.
매력: 천연기념물(391호)로 지정되었을 정도로 보기 드문 광활한 모래해변. 단단하여 맨발로 걷기 좋은 모래 촉감.

1박 2일 여행 명섬 백령도

추천 일정 1일차: 용기원산 끝섬전망대, 물범바위, 심청각. 두무진, 숙소
추천 일정 2일차: 콩돌해안, 서해최북단비, 창바위, 사곶해수욕장, 선착장
일정 해설: 해안선의 명소를 중심으로 차량으로 둘러보는 코스.

2박 3일 여행 명섬 백령도

추천 일정 1일차: 용기원산 끝섬전망대, 물범바위, 심청각, 사자바위, 연꽃마을.
추천 일정 2일차: 사곶해수욕장, 서해최북단비, 창바위 옆 전망대, 두무진
추천 일정 3일차: 천안함 위령비, 콩돌해안, 선착장.
일정 해설: 해안선의 명소를 중심으로 차량으로 둘러보는 코스. 백령도~대청도~소청도가 부근에 있으므로 4~5일 일정으로 한꺼번에 둘러보면 효율적이다.

여행사 이용하면 편리한 백령도

백령도는 우리나라에서 8번째로 넓다. 작은 산이 많고 출입 통제 구역이 많아 차량으로 둘러보는 것이 효율적이다. 렌트카 업체가 여럿 있으므로 숙소를 예약하고 렌트카를 이용하는데 어려움이 없다. 다만 여행사를 이용하면 배편 예약, 숙소 예약, 식당 예약, 차량 이동을 한 번에 해결할 수 있다. 비용이나 시간 면에서 더 효율적이다. 여행사 상품은 금액대별로 차이가 있으므로 내게 맞는 것을 선택해야 한다. 택시(032-896-7080/836-3883)로 일주 관광하면 4인 기준 10만 원 선이며. 4시간 정도 걸린다.

맛집 & 숙박(지역번호 032) 숙소는 황토방 월가황토모텔(836-8060), 복층 독채 백령로그펜션(0507-1464-9308), 연꽃마을의 연꽃마을숙박(836-1510), 하늬황토펜션(010-7307-7388), 제이엔비호텔(0507-1368-2263) 등이 있으며 2인 기준 6만~9만 원 선이다.
면사무소 소재지의 똥이네식당(836-9393)은 옹진군 요리경연대회에서 최우수상을 받았다. 산낙지밥, 해삼밥, 멍게밥이 별미. 백령도는 황해도식 냉면이 유명하다. 사곶해수욕장 부근의 사곶냉면(836-0559)은 황해도식 물냉면. 비빔냉면, 녹두빈대떡이 별미다. 냉면 주문이 들어오는 즉시 사골 육수를 넣어 반죽한 메밀 면을 바로 뽑아서 만든다. 이곳 특산물인 까나리액젓으로 간을 한 것이 특징. 사곶식당은 반냉면 전문이다. 비빔냉면에 육수를 섞은 것을 백령도에선 반냉면이라 한다.
장촌칼국수(836-7009)는 칼국수와 녹두전, 육전이 별미. 백령도는 군인을 포함한 인구가 섬치고는 많은 편이라 유명 치킨 체인을 비롯해 족발, 국밥, 햄버거 등의 체인식당이 있어 다른 섬에 비해 음식 선택의 폭이 넓다.

배편 인천항 연안여객터미널에서 고려고속훼리가 하루 2회(08:30, 12:30) 운항한다. 3시간 20분 걸리며 소청도, 대청도를 거쳐 백령도에 닿는다. 인천으로 돌아갈 때도 백령도를 출발해(07:00, 13:30), 대청도와 소청도를 거쳐 인천으로 간다. 운항 시간은 월별로 바뀔 수 있으므로 해당 선사와 인천항 연안여객터미널을 통해 확인해야 한다. 배에 따라서 자전거 적재가 불가능한 배도 있으므로 자전거 여행시 미리 확인해야 한다. 개인 수화물은 1인 15kg까지 가능.

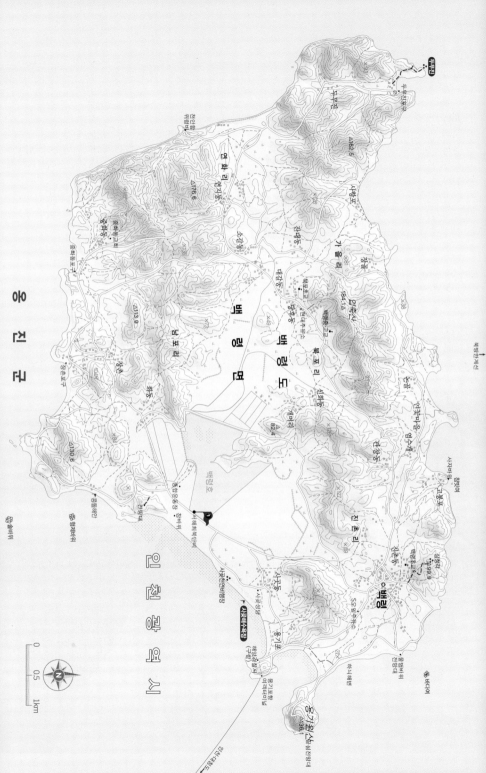

백령면 경계선

옹 진 군

인 천 광 역 시

11 석모도 席毛島

해명산 327m (인천 강화군 삼산면)
배편 강화도 잇는 석모대교 있어 차량 통행 가능
주의 사항 주말 아침 일찍 출발해야
　　　　　　정체 피할 수 있어
매력 섬산 치고는 긴 종주 가능한 바위능선,
　　　　해명산과 유서 깊은 보문사,
　　　　온천까지 있어
추천 일정 당일
산행 난이도 ★★★☆☆
(능선 길게 뻗어 있어 원점회귀 어려움)

30km

김모에서 강화대교
혹은 초지대교로 강화도 진입하여

석모대교
건너 입도

전씨, 이씨 이야기 전하는 전득이고개

석모도는 가족 여행지로 안성맞춤이다.
김연상·전미은·김현재 가족과 함께 석모도
해명산을 찾았다. 이들 가족은 등산하는 가족으로
유명하여, 산행이 익숙하다. 해발 110m의
전득이고개에서 해명산 정상까지, 고도 210m를
높여야 한다. 2km 거리를 아기와 함께 오르는 것은,
쉽지 않은 도전이지만 부부의 얼굴은 여유롭다.
전득이고개는 옛날 전全씨가 섬에 먼저 자리
잡고 살아 이李씨보다 번성했다거나, 이씨보다
전씨가 먼저 이 고개를 발견했다 하여 유래한다.
너른 주차장과 화장실, 구름다리가 있어 해명산의
대표적인 산행 기점으로 통한다. 울거나 보채지
않을까 걱정했으나, 김현재군은 너무도 익숙하게
캐리어를 타거나 걸으며 산행의 일원이 된다. 태어난
지 100일 때부터 산에 업고 다녔기에 짧은 코스
산행에 익숙하다.

산 세 개 있어 삼산면이라 불러

석모도 최고봉인 해명산海明山은 서해 낙조가
해명산 정상 아래 바위에 반사되어 서해를 더 밝게
한다 하여 이름이 유래한다. 서해로 지는 노을을
감상하기 좋은 바위산 정도로 해석할 수 있다.
해명산 산행은 산 전체를 통틀어 전득이고개에서
정상 구간이 가장 가파르고 어렵다.
해명산의 명소인 통바위 슬랩의 출연이다. 부부는
무척 익숙하게 바윗길을 오른다. 속도만 더딜 뿐
안정적이다. 드디어 도착한 정상, 땀을 흠뻑 쏟은
부부의 얼굴엔 안도감이, 아기의 얼굴엔 웃음이
가득하다. 정상에서 성취감을 만끽하며 가족사진을
찍는다. 가족이 똘똘 뭉쳐 함께 해냈다는 순수한
행복으로 넘치는 순간이다.
석모도는 해명산(320m), 낙가산(235m),
상봉산(316m)이 일자로 길게 이어져 있다.
인천광역시 강화군 삼산면에 속하는데, 섬
주민들은 "예부터 삼산三山 산다고 하지, 석모도
산다고 하지 않았다"고 얘기한다. 해명산, 낙가산,
상봉산이 3개 산이라는 것. 그러나 섬 북쪽에
상주산(264m)이라는 바위산이 있는데, 이것은
간척으로 금음도가 석모도에 편입된 것으로

추측된다. 대동여지도에 석모로도席毛老島와
금음도今㕦島가 표시되어 있다. 지금의 섬 이름은
'돌이 많은 해안 모퉁이'라는 뜻의 '돌모로'를
한자화하면서 나왔다고 한다. 산행을 마무리하고
하산한다.

간척으로 추가된 산, 상주산

상주산은 석모도의 막내격 산이로다. 264m의 높이나
지명도를 보더라도 삼산면의 삼산三山 중 막내다.
상주산은 석모도에서 북쪽에 따로 떨어진 산이다.
지형도를 보면 상봉산에서 상주산으로 능선이
이어지지 않는다. 석모도는 고려 때부터 최근까지
오랫동안 간척을 해왔는데 상봉산과 상주산 사이의
평야도 간척해서 만들었기 때문에 능선이 이어지지
않는다.

상주산上主山 일대를 '석모도 북쪽·위쪽에 있다'
하여 상리上里라 불렀다. 상주산은 상리의 압도적인
바위봉우리자 유일한 산이었기에 상리의
주인격인 산이라 하여 이름이 유래한다. 상주산은
등산로가 완전히 정비되지 않았다. 상주산은 크게
188m봉과 정상부로 나뉜다.

높이에 비해 화려한 정상 경치

상주산의 가장 정확한 등산로는 새넘어재다.
188m봉과 상주산 사이에 임도가 나 있으며, 꼭대기
고개가 새넘어재다. 여기서 상주산 정상까지는
등산로가 선명하고 이정표가 있어 길찾기가 쉽다.
대부분의 등산객은 여기서 온 길로 다시 되돌아간다.
상리 마을에서 오르막 임도를 따라 600m
가면 새넘어재에 닿는다. 산길은 뚜렷하다. 짙은
숲을 따라 나 있으며 상수리, 초피, 신갈, 갈참,
참싸리나무가 길동무가 되어 준다. 400m 가면
'정상 0.8km' 이정표가 나타나며 길이 우측으로
살짝 꺾어진다.

정상은 두 개의 암봉으로 되어 있는데 가까워질수록
조망이 트인다. 특히 오른편으로 드러나는 평야와
석모대교, 바다가 어우러진 풍경은 과히 감탄을
자아낸다. 산 높이는 해명산보다 낮지만 경치는 훨씬
장쾌한 맛이 있다. 평야와 바다 위에 뿔처럼 솟은
모양새라 더 시원하고, 바다와 산과 들판이 어우러진
비율도 적당해 완성도 높은 섬산 풍경을 그려낸다.
특히 광활한 평야는 곡창지대로서 석모도의 가치를
일깨운다.

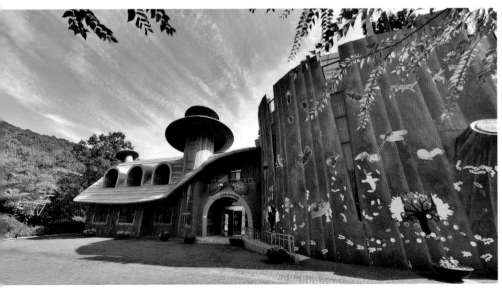

다채로운 풍경의 상주산 정상

정상 직전 봉우리를 정상으로 오해하기 쉬운데
위성봉에 가면 바로 앞에 솟은 정상이 그제야 모습을
드러낸다. 살짝 안부로 내려서지만 숨이 가쁘지 않을
정도의 높이라 힘들지 않다. 둥근 암봉인 정상에
닿으면 작은 표지석이 반긴다.

상주산이 좋은 것은 사방으로 경치가 트여 있어
시원함의 정도가 탁월하다는 것. 경치 또한
다채롭다. 교동도와 멀리 드러난 북한 땅 배천군과
개풍군 일대. 햇볕에 보석처럼 반짝이는 강화도와
석모도 사이의 바다. 힘 있게 솟은 강화도의
별립산과 고려산, 혈구산까지 무엇하나 평범한
풍경이 없다. 문제는 정상에서 뚜렷한 하산길이
없다는 것. 아쉽지만 왔던 길을 되돌아가
새넘어재로 간다.

칠면초 무성한 분홍 해안선

차량으로 남쪽 해안가로 간다. 분위기를 바꿔
강화나들길을 따라 해안선을 걷는다. 강화도와
석모도 사이를 흐르는 바닷물이 강물처럼 빠르게
흘러간다. 둑방처럼 뻗은 해안선엔 억새가 손을
흔들고, 지평선 끝까지 닿을 기세로 바람길이
뻗어 있다. 갯벌이 사막처럼 드리운 곳에 조금씩
붉게 물들어가는 칠면초가 무성하다. 가을이 되면
분홍빛으로 달아올라 사진 명소로 인기를 끌게
분명하다.

석모대 대표 사찰 보문사

뜨거운 태양이 작열하는 해안길을 모두 걷기는
무리라, 일부 생략하고 석모도의 명소인 보문사로
향한다. 천년고찰 보문사는 눈썹바위에 음각된
관세음보살이 우리나라 3대 관음성지로 손꼽힌다.
경치도 볼 겸, 소원도 빌겸, 418개 계단을 오른다.
눈썹바위는 낙가산 정상 아래에 있어, 낙가산을 못
간 아쉬움도 풀 겸 아기를 업고 부부가 오른다.
10분을 올라서자 단순명료한 선으로 남은 바다와
천장을 이룬 거대한 눈썹바위가 드러난다. 낙가산
이름도 관세음보살이 머무는 산이라 하여 불교에서
유래한다. 멀리 주문도와 볼음도 너머로 수평선이
아득하게 펼쳐진다.

테마별 길라잡이

산행이 즐거운 등산 명섬 해명산

산행 코스: 전득이고개~해명산~방개고개~낙가산~
보문사갈림길~상봉산~한가라지고개

산행 거리 & 소요 시간: 9km, 5시간

길 찾기: 외길 능선이라 길찾기 어렵지 않아, 상봉산 이후
희미한 편.

명소: 해명산 정상, 낙가산 슬랩, 상봉산 정상

매력: 암릉산행과 바다 경치 실컷 즐길 수 있어

모래 해변 아름다운 명섬, 민머루해수욕장

가는 길: 석모대교에서 찻길로 8km. 1일 주차
6,000원(5시간 이상/비수기 평일 무료)

모래해변 길이: 600m

조수 간만 차이: 심함. 드넓은 갯벌.

화장실 유무: 있음

편의점 및 식당 유무: 편의점과 식당 있음.

야영장: 별도의 야영데크 없으나 모래해변에서 야영 가능.
성수기에만 마을에서 이용료 징수.

매력: 서해바다와 주문도 너머로 지는 노을, 주차장과
편의점 있어 편리한 모래 해변.

차로 갈 수 있는 명섬, 석모도

가는 방법: 김포에서 강화대교 또는 초지대교로 강화도로
진입하여, 석모대교를 건너면 된다.

주차장: 석포리선착장 무료 주차장, 석모미네랄스파
주차장, 보문사 주차장(2,000원), 민머루해수욕장
주차장(1일 6,000원, 15분당 300원), 전득이고개 무료
주차장, 석모도 수목원 무료 주차장, 한가라지고개 갓길
무료주차 가능(7~8대), 새넘어재 갓길 주차(2~3대)

대중교통 이용: 강화터미널에서 31B번 버스가 하루
10회(05:55~19:15) 보문사 방면으로 운행한다.
전득이고개를 운행하는 버스는 없으므로 '전득이고개 입구'

정류장에서 하차하여 찻길따라 800m를 도보로 올라야
한다. 한가라지고개에는 강화터미널로 가는 버스가
운행한다.

당일치기 여행 명섬, 석모도

도보 추천 코스, 강화 나들길11코스: 석포리선착장에서
시작하여 해안선을 따라 보문사까지 가는 16km 코스.
전체적으로 완만하고 운치 있으나 종일 땡볕을 걸어야
한다. 민머루해수욕장까지만 걷는 단축 코스가 효율적이다.

도보 추천 코스, 강화 나들길19코스: 5km로 짧고
여름에는 풀이 높아 걷기 어렵다. 여름을 제외한 나머지
계절에만 통행 가능하며, 새넘어재를 통해 상주산 편도
왕복 산행과 함께 하면 더 알차다. 19코스는 해안선 따라
걷는 코스라 운치 있다.

자전거 추천 코스: 큰 산이 많은 섬이지만 도로가 잘 닦여
있어 자전거 여행지로 제격이다. 다만 자전거 전용도로가
없고 1차선 도로가 많아 안전에 주의해야 한다. 비포장길과
시멘트임도가 많은 나들길을 MTB로 순회하는 것도
즐거운 여행법이다. 섬 입구인 석포리 선착장에 주차하고
자전거를 타고 한바퀴 순회한 후 돌아오는 것이 알맞다.

추천 명소

경치 좋은 카페: 석모도 구석구석에 경치 좋고 운치 있는
카페가 많다.

민머루해수욕장: 석모도를 대표하는 아늑한 모래해변.

강화석모도 미네랄스파: 강화군시설관리공단에서
운영하는 바닷가 온천. 오후 5시까지 운영.

보문사: 신라시대 창건한 유서 깊은 사찰. 우리나라 3대
관음성지로 꼽히는 눈썹바위 관세음보살, 향나무 노거수
등. 입장료 2,000원.

석모도 수목원&자연휴양림: 해명산 계곡을 따라
조성되었으며, 테마식물원과 전시온실, 생태체험관을
갖추었다. 자연휴양림 산림휴양관과 숲속의 집을 운영한다.

맛집 & 숙박 2017년 석모대교 개통 이후 깨끗한 숙소와
카페, 식당이 계속 생겨났다. 석모도 곳곳에 숙소와 식당이
있다. 보문사 입구에 식당이 밀집해 있다. 보문사 구경과
석모도미네랄온천 목욕 후 식사를 권할만하다. 석모도
자연휴양림에서 숙박하면 알찬 여행을 마무리할 수 있다.

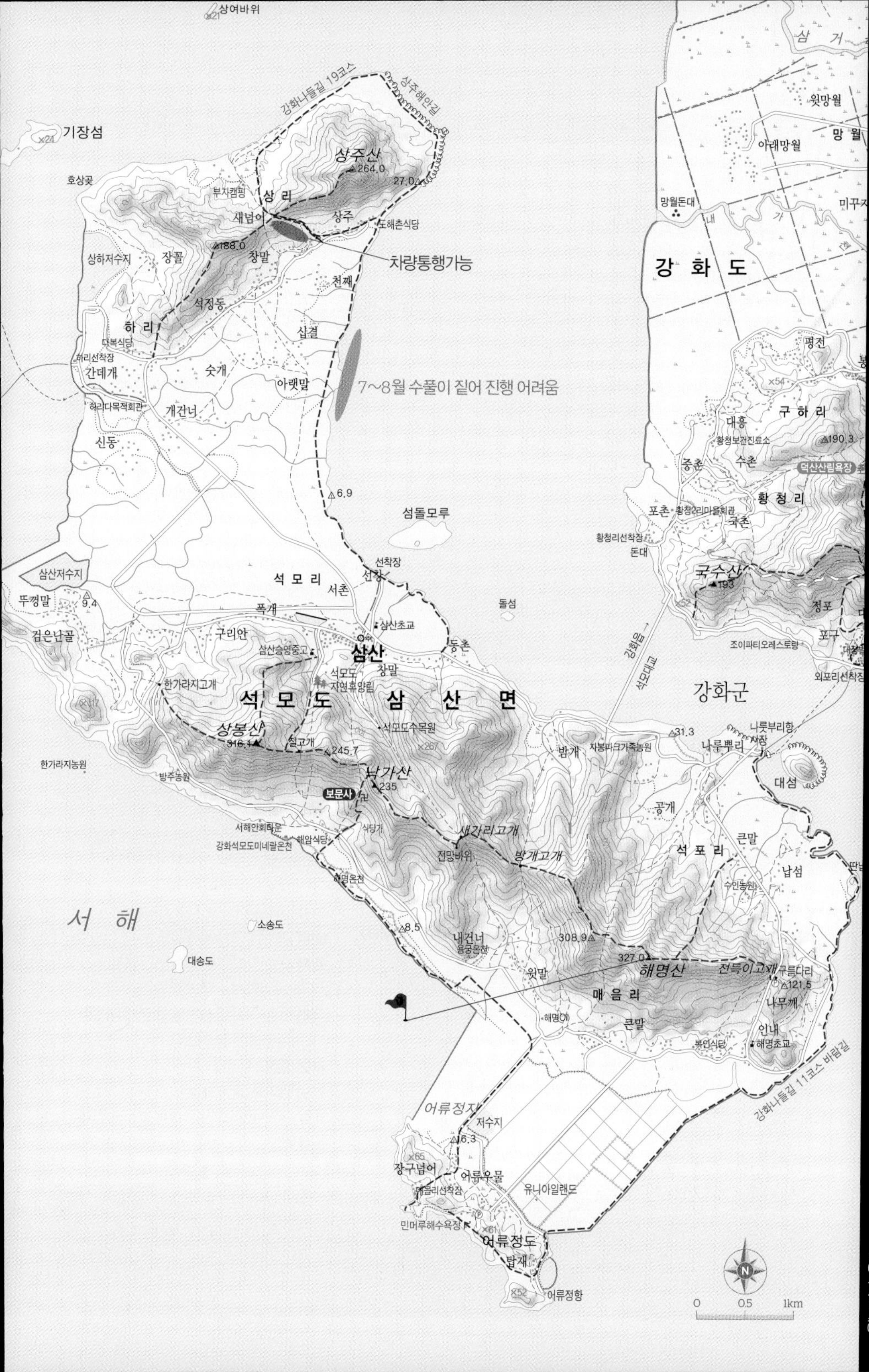

상여바위

기장섬

강화나들길 19코스
상주해안길

상주산
264.0
27.0

부지캠핑
상리
새남어
상주
해촌식당

호상곶

상하저수지
장골
188.0
차량통행가능

하리
천쩨

석정동
십결

덕복식당
간데개
아랫말
7~8월 수풀이 짙어 진행 어려움

하리선착장
하리더목적회관

숫개
개건너

신동

섬돌모루

삼산저수지
뚜껑말
9.4

석모리
서촌
선착장

돌섬

검은납골

구리안
삼산초교

폭개
삼산
동촌

삼산승영중고
삼산
석모도자연휴양림

한가라지고개
석모도
석모도수목원

석모도 삼 산 면

상봉산
316.1

찰고개
245.7

강화도

강화도

망월돈대

윗망월
아래망월

망 월

미꾸지

삼 거

평전

구하리
대흥
황청보건진료소

주촌
수촌

덕산신림욱장

황청리
포촌 황청리마을회관
황청리선착장
돈대

국촌

국수산
193
정포

조이파티오레스토랑
포구

강 화 군

강화대교

외포리선착장

31.3
나룻부리항
나룻뿌리

대섬

공개
큰말

석포리
납섬

한가라지농원

방주농환

남가산
235

보문사

새가리고개

전망바위
방개고개

수인농원

따니

서해만회회문
강화석모미네랄온천
해안식당

식당개

석모온천

내건너
응궁온탕

8.5

소송도

윗말

327.0
308.9

해명산
전득이고개 구름다리
121.5

매음리
큰말

나무께

인내

봉연식당
해명초교

해명에

서 해

대송도

어류정자

저수지

16.3

장구남어
어류우물

65

유니아일랜드

어류정리선착장
민머루해수욕장
61

강화나들길 11코스 바람길

어류정도
탑재

어류정항
X2

N

12 소이작도 小伊作島

큰산 159m (인천 옹진군 자월면)
배편 인천항 연안여객터미널 → 소이작도
주의 사항 작다고 만만히 보면 힘들 수
있어
매력 찾는 이가 드물어 섬을 전세 낸듯한
기분을 즐길 수 있다
추천 일정 1박 2일
산행 난이도 ★★☆☆☆
(산 작지만 가파르고 등산로 있지만 인적
드물어)

45km

인천항
연안여객터미널

1시간 10여분(배편에 따라 2시간
소요 되기도 해) 소요

소이작도

신발 닳은 여행자가 찾는 곳, 겨울 소이작도

시퍼런 침묵의 날이 성성하다. 그 여름 여행객으로
바글바글하던 대합실과 달리, 텅 빈 분위기다. 겨울
섬이란 그렇다. 누구도 오지 않고, 가지 않는다.
섬이 진정 섬다워지는 건 겨울이다. 홀로 고요히
망망대해에 놓인 채, 안으로 삼키는 세월. 여백 많은
겨울 섬의 아름다움을 아는 사람은, 국내 여행의
마지막 페이지에 다다른 닳은 신발의 여행자가
분명할 터.

소이작도의 명물, 손가락 바위

2시간여 만에 닿은 소이작도. 배는 다음 섬으로
서둘러 떠나고, 덩그러니 남겨진 우리는 아직
도착하지 못한 마음을 연착륙시키듯 크게 호흡했다.
소이작도의 걷기길인 갯티길을 걷는다. 소이작도의
백미, 손가락바위로 향한다. 첫 손가락에 드는

명소인 바위는 소이작도를 찾은 여행자라면 누구나
찾는 '경주 여행의 첨성대' 같은 곳이다. 그게 아니라
해도 선착장 앞에서 시작되는 해안 데크길의 유혹을
모른 척할 여행자는 드물다.

대이작도를 곁에 두고 걷는 길

건너편 대이작도를 보며 걷는 길. 야트막한 섬에서
보는 '대大'자가 붙은 섬은 거대하다. 이름 때문인지
빼곡한 건물 탓인지 알 수 없다. 산 높이로 따지면
30m밖에 뒤지지 않는다. 해발 159m는 낮지
않음을 말하고 싶어서인지, 소이작도 해안절벽은
바싹 벽을 세웠다.
두 섬은 직선거리로 500m가 되지 않을 만큼
가깝지만, 대이작에 비해 소이작은 찾는 이가
드물다. 덕분에 아무도 마주치지 않는 길의 고요가
공기처럼 깔려 있다.

반가사유상인가, 손가락인가

데크길 끝에 정자가 있고, 너머에 바위가 있다. 누가 봐도 검지손가락을 치켜든 모양이다. 자연스럽게 손가락이 가리키는 하늘을 바라보았다. 조금 굽은 허리가 펴지며 신음이 절로 나왔다. 오래 바라보고 있으면 안내판 글귀처럼 해수관음상 같아 보이기도 하고, 반가사유상 같기도 했다. 독특한 바위로 치부하기엔 그 이상의 신비로움이 깃들어 있다.

소이작도 대표 명소, 벌안해수욕장

해변으로 나섰다. 소이작도의 대표 미인으로 꼽히는 벌안해수욕장이 모래사장과 갯벌이 섞인 채 드넓게 펼쳐졌다.
해산물을 캐내어 가는 사람이 아닌, 바라만 보는 사람은 오랜만이라며 낯설어 했다. 웃는 얼굴의 백구 한 마리가 어디선가 뛰어나와 신이 나서 우릴

쫓아다녔다. 오래도록 쓸쓸했던 것이다. 카페를 겸하고 있는 여행자센터는 문을 닫았다. 겨울 소이작도엔 아무도 오지 않을 거라 확신하는 것 같았다. 어린이집도 있다. 여기서 자라는 아이는 꿈의 크기가 작지 않을 것 같았다. 어린이집 문을 열면 펼쳐진 모래사장과 망망대해라니, 자연의 스케일에 걸맞게 꿈도 무한정 커나갈 것 같은 분위기다.

벌안해안길의 무지개 길

갯티길 4코스 벌안해안길. 빨주노초파남보, 찻길 경계석을 색색으로 칠해 놓았다. 평범한 찻길이 개나리 핀 꽃길처럼 명랑한 빛깔이다. 두 사람을 먼저 보내고 뒤따라간다. 바닷물이 잠시 자리를 비운 사이, 고기잡이배들이 단잠에 빠졌다. 해적을 테마로 한 '아름다운 보물섬 해적섬'

로고는 옛날이야기 덕분에 생겼다. 조선시대 이곳에 해적이 은거했다 하여 이적도伊賊島로 불리다가 이작도伊作島로 바뀌었던 것. 그래서 갯티길 3코스 해적숲길에는 실제로 해적이 살았다는 움막터가 있다.

아무도 없음이 주는 아늑한 고요

다음날 아침, '소小'자가 붙은 섬이라 하여 해돋이도 소박하진 않다. 창밖으로 덕적군도가 펼쳐지는 경치 좋은 방의 위력. 검은 바다가 붉어졌다. 아침을 먹고 섬 최고봉 큰산(159m)을 오른다. 159m가 낮지 않음을 가파른 산길을 오르며 실감할 때쯤 정상이다. 전망데크는 유적 같다.

바닥의 데크는 이가 군데군데 빠져 있어 주의해서 걸어야한다. 아무도 없음이 주는 아늑한 고요가

있다. 산을 내려와 약진넘어해수욕장으로 갔다.

숨은 보석 같은 해변, 약진넘어

오직 숲길을 헤쳐 걸어야만 닿는 해변. 짙은 소나무숲을 지나자 비밀스런 해변이 드러났다. 해안선의 굴곡이 곡선 따라 깊게 휘어지는 곳에 꽃처럼 피어난 모래해변. 소박하고 깨끗해 소이작에서 사랑을 고백한다면 이곳이 제격일 것 같았다. 해변을 걷는 두 청춘 뒤로 한없이 푸른 수평선이 펼쳐졌다. 젊은 남녀가 있는 해변의 실루엣이 이토록 여운 깊을 수 있다니. 두 사람이 있는 약진넘어는 아름다웠다. 소이작도를 떠나는 길. 섬은 점점 작아지더니, 수평선 너머로 사라졌다. 촉감 좋은 투명한 코트 같던 고요로움이, 철부선 엔진소리에 부서져 허공으로 흩날리고 있었다.

모래 해변 아름다운 명섬, 약진넘어해변
가는 방법: 선착장에서 도로 따라 800m 도로따라 간 후, 산길 300m.
모래해변 길이: 150m
조수 간만 차이: 심함
화장실 유무: 없음
편의점 및 식당 유무: 산길 아래에서 만나는 외딴 해변. 팔각정 외에 아무것도 없다.
야영장: 야영시설 없는 자연해변. 만조시 물이 깊게 들어와 야영터로 부적합.
매력: 외딴 곳에 숨어 있는 깨끗하고 작은 보석 같다.

모래 해변 아름다운 명섬, 벌안해수욕장
가는 길: 선착장에서 도로 따라 2km. 여행자센터가 있는 마을 앞 해변.
모래해변 길이: 300m
조수 간만 차이: 심함

화장실 유무: 있음
편의점 및 식당 유무: 펜션들이 식당을 겸하고 있다.
야영장: 해변 앞 야영데크 운영. 여행자센터에 15,000원 내면 된다. 여행자센터 1층은 카페를 겸하고 있으며, 어린이를 위한 모래놀이 피크닉 세트 대여 가능하다.
매력: 갯벌 조개 캐기 체험 가능한 고요하고 넓은 해변.

1박 2일 여행 명섬 소이작도
추천 일정 1일차: 손가락바위 데크길, 갯티길 따라 벌안해수욕장 도착. 해변 야영.
추천 일정 2일차: 큰산 정상, 약진넘어해변, 선착장.
일정 해설: 첫날 선착장 부근의 손가락바위를 구경하고, 갯티길을 따라 벌안해수욕장에서 야영한다. 둘째 날 큰산 정상에 올랐다가 약진넘어해변을 감상하고 선착장행.

산길이 희미한 편이지만, 섬 자체가 작아 주의하면
어렵지 않다. 찻길로만 보면 선착장에서 섬 끝까지
3km일 정도로 작은 섬이다. 다만 큰산을 넘는 구간이
어디를 택하든 가팔라 만만히 볼 수는 없다.

맛집 & 숙박 선착장이 있는 곳의 큰마을과 벌안해수욕장
앞 마을이다. 숙소는 두 곳 마을에 집중되어 있다.
숙소를 예약하면 선착장에 마중 나온다. 대부분의 숙소가
식당을 겸하고 있으므로 식사도 함께 예약해야 한다.

숙소에 따라 고기잡이를 겸하고 있는 곳은 그날 잡은
싱싱한 회를 먹을 수 있다.

배편 고려고속훼리와 대부해운에서 각각 배편이
운항한다. 인천항 연안여객터미널을 출발해
자월도~소이작도~ 대이작도~승봉도를 거쳐서
인천으로 돌아온다. 하루 2회(07:50, 08:30)
운항하며 여객선에 따라 1시간 30분 또는 2시간 10분
가량 걸린다. 매월 배편과 운항 횟수는 바뀔 수 있으므로
예약시 확인해야 한다.

소이작도 등산지도

13 승봉도 昇鳳島

당산 94m(인천 옹진군 자월면)
배편 인천항 연안여객터미널→승봉도
주의 사항 낮지만 산길 복잡하고 여름에는
　　　　가시덤불 주의해야
매력 작지만 알찬 섬, 사랑을 이뤄주는
　　　　코끼리바위와 예쁘장한 해변의 향연
추천 일정 1박 2일
산행 난이도 ★☆☆☆☆
(산 작지만 수풀 짙어 길찾기 주의해야)

40km

○----------------------------------○
인천항　　　 1시간 10여분(배편에 따라 1시간　　 승봉도
연안여객터미널 　40분 소요 되기도 해) 소요

무인도에 온 최초의 두 사람

신씨와 황씨의 섬이다. 옛날 신씨와 황씨가 고기를 잡던 중 풍랑을 만나 이곳에 피했다. 며칠 동안 굶주렸기에 배를 채우고자 섬을 둘러보았는데, 땅이 비옥하고 경치가 아름다워 정착했다고 한다. 섬 이름도 그들의 성씨를 따서 신황도申黃島라 불리다가 섬 모양이 봉황이 하늘을 나는 모양 같다 하여 승봉도昇鳳島가 되었다.

사랑을 이뤄주는 코끼리

승봉도의 백미는 단연 코끼리바위다. 해안의 독특한 기암으로 코끼리가 코를 뻗어 바닷물을 마시는 것만 같은 독특한 바위다. 바다와 바람이 공동 작업으로 만든 신비로운 예술 작품인 것. 기둥처럼 바위가 뻗어 가운데 뚫려 있어, 대문 같다 하여 남대문바위라고도 불린다.

숱하게 사람들이 기념사진을 찍는 이곳에는 전설이 깃들어 있다. 조선시대 신씨와 황씨 남녀가 서로 사랑했는데, 여인이 다른 섬으로 시집을 가게 된 것. 두 사람은 코끼리바위에서 양쪽 집안의 반대를 극복하기로 맹세했고, 그 덕분이었는지 사랑이 이루어져 혼인해 오순도순 잘 살았다고 한다. 이후 코끼리바위 아래를 연인이 손을 잡고 지나면 사랑이 이루어진다는 이야기가 전한다.

한 가지 물어보면 10가지 알려주는 인심

승봉도 선착장에서 이일레해수욕장까지 1.4km이며, 버스나 택시는 없다. 정보를 얻으려 김민지 · 최동혁씨와 선착장 부근의 행정복지센터에 들렀다. 작은 사무실은 섬 사랑방에 가깝다. 직원이나 마실 나온 주민들이 모두 친절해 하나를 물어보면 10가지를 알려주려 한다. 예부터 물이 많고 완만한 땅이 많아 벼농사를 지었으며, 한 해 수확물로만 3년을 먹고 살 수 있을 정도로 풍요로웠다고 한다. 지금도 주민들 상당수가 흑미 농사를 짓는데, 대부분 판매가 예약된 것들이라고

한다. 승봉도는 여의도 면적의 4분 1 크기로
아담한데 해안선 길이가 10km에 이르며, 최고봉인
당산은 높이 94m이다. 산세가 순해 느리게 걸어도
3~4시간이면 다 둘러볼 수 있다. 상쾌한 숲과
수려한 기암, 해변 10여 개가 있어 "섬이 보면
볼수록 예쁘다"는 것이 주민들의 한결 같은 말이다.

정갈한 마을과 담백한 해변

아기자기한 마을 가운데는 늪지를 데크공원으로
꾸며 놓았다. 작고 정갈한 승봉성당은 종교가 없는
이도 마음이 편안해진다. 찻길 따라 낮은 고개를
넘자 길이 끝나는 곳에 탁 트인 모래해변이 있었다.
1km가 넘는 긴 해변은 여백으로 가득하다. 개수대
하나, 화장실 하나, 물놀이 감시탑 하나, 꼭 있어야 할
것만 있어 담백한 자연미를 즐기기에 충분하다.
마을길을 따라 남쪽 해안선에서 북쪽 해안선으로
넘어간다. 너른 해변 끝에 거인이 푹 꽂아놓은 것만
같은 부채바위가 있다. 누가 알려주지 않아도 부채를
펼친 바위가 눈길을 사로잡는다. 붉은빛이 감도는
빛깔, 바위 위에 뿌리내린 나무 한 그루와 풀이 있어
예쁘장하다.

실물이 기대 이상인 코끼리 바위

코끼리바위가 사랑을 이뤄준다면 부채바위는
학업을 이뤄준다. 옛날 이곳에 유배 온 선비가
지겨움을 달래기 위해 부채바위를 즐겨 찾아 시를
썼는데, 유배가 풀린 후 과거 시험에서 부채바위를
보고 썼던 시로 장원급제를 했다는 전설이다.
허무맹랑한 전설만은 아닌 것이 햇볕이 비치면
바위가 황금색으로 빛나, 외지에서 온 이들의 시선을
사로잡는다.
해안가를 따라 난 데크를 걸어도 코끼리바위는
보이지 않았다. 멀리서도 눈에 띌 것 같은데 왜
드러나지 않나 생각할 때쯤, 계단을 따라 작은
바위를 넘자 맘모스의 출현이다. 보통 기암은 실물로
보면 실망하는데, 기대 이상이다. 코끼리보다 더 큰
붉은 맘모스가 바다를 향해 막 걸어 나가는 듯한
웅장한 힘이 바위에 실려 있었다.

작은선배해변의 오아시스 같은 카페

해안도로 따라 걸어도 지루하지 않은 것은 바다, 꽃, 바위, 숲이 번갈아 나온다. 여백의 미가 있는 주랑죽공원을 지나 아무도 없는 해안선을 따른다. 가파른 고개가 나왔으나 얼마 지나지 않아 언제 성질 부렸냐며 내리막이다. 다시 아무도 없는 자갈해변. 작은선배해변이다. 손님 없는 카페에서 옛날 팝송이 흘러나오고, 나른한 오후의 바다가 강물처럼 어디론가 흘러간다.

카페 벤치에서 컵라면과 아이스아메리카노를 먹자, 세상을 다 가진 듯 몸과 마음이 개운하다. 작은선배카페의 김선규 사장은 "해변 이름이 작은선배라서 카페 이름을 그리 지었다"고 한다. 해안선을 따라 더 가면 해변이 또 있는데 그곳은 '큰선배'라 부른다. 옛날 이곳에 난파선 배가 발견되어 이름이 유래한다. 승봉도가 고향인 그는 인천에 나가서 자영업을 하다 코로나로 벌이가 줄어 폐업하고, 몇 년 전 고향섬에 들어와 가장 좋아하는 장소인 작은선배해변에 카페를 차렸다고 한다.

부모를 기다리다 망부석 된 삼형제

임도를 따라 소박한 숲길을 따른다. 섬 동쪽 끝으로 간다. 이정표를 따라 해안가로 나서자 바위의 향연이다. 삼형제 바위라 불리는 덩치 큰 바위가 여럿이다. 작은 덩치들까지 포함하면 육형제로 불러도 될 성 싶다. 제일 큰 바위 위는 칼로 자른 듯 매끈한데, 고정로프가 있어 오를 수 있다. 해안 데크를 따라 모퉁이를 돌아서자 바위가 하늘을 찌른다. 누가 보더라도 촛대처럼 뾰족하게 생긴 촛대바위다.

전설이 없으면 섭섭하다. 고기를 잡으러 간 아버지와 어머니가 풍랑에 휘말려 돌아오지 않자, 삼형제가 여기서 기다리다 망부석이 되었다고 한다. 흔한 전설이지만, 열악했던 과거 섬살이에선 흔한 비극이었기에 전설로 남았을 터다.

승봉도에서 가장 시원한 전망대 신황정

숲으로 들어가 오르막을 짧게 두 번 올려치자 신씨와 황씨가 아기를 갖게 해달라고 빌었다는 곳,

신황정이다. 해안 절벽 꼭대기라 경치는 승봉도에서 가장 시원하다. 텐트를 여기 칠 걸 그랬나 하는 생각을 잠깐 했지만, 야영은 이일레해수욕장과 옹진군에서 운영하는 승봉힐링캠핑장에서만 가능하다.

휴식 같은 길을 따라 해안선을 지나자 목섬이다. 미인의 목선처럼 희고 예쁜 모래사장이 목섬으로 이어진다. 이름 없는 예쁜 해변이 널려 있어. 걸을수록 걸음이 가벼워진다. 모래해변 하나 없는 섬이 많은데, 승봉도는 피부가 희고 고운 미인격의 섬이다. 덩그러니 화장실이 있는 부두치해변은 아무도 없는 것이 잘 어울렸다. 파도며 새소리가 "외로웠어. 머물러줘"라고 부르는 것만 같다. 찻길을 따라 이일레해변으로 갔다. 개수대는 물이 나와서 편하고, 화장실도 깨끗하다. 야영이 허가된 곳이라 눈치 볼 필요가 없다.

산책에 가까운 당산 산행

다음날 해발 94m는 산행보다 아침 산책에 가깝다. 섬 최고봉 당산을 오른다. 이일레해변에서 계단을 따라 오르자 짙은 소나무 세상이다. 걷는 것이 휴식인 발 디딤 푹신한 솔향기숲. 숨을 들이마실수록 몸이 초록으로 변하는 것 같은 착각이 든다. 완만하고 둥글둥글한 오르막이 여유로운 분위기를 자아낸다. 운동기구와 정자가 있는 정상부에 닿자 벤치에 앉아 있던 할머니가 "당산에 왔으면 당산나무 보고 가야지"하며 아름드리 소나무를 가리킨다. 마을 산신령 격의 나무를 지나자 정상이다. 경치는 없지만 높이에 어울리는 편안한 소박함이다. 덩굴이 운치 있는 터널을 만들었다. 덩굴터널을 지나자 편안했던 산책길이 정글로 변한다. 왔던 길을 되돌아가 공원 같은 산길로 가면 되는데, 오기가 발동한다. 직진해 묵은 덤불을 뚫는다. 산길은 있는데 사람이 다니지 않아 덤불이 높다. 한두 달은 아무도 오지 않은 은밀한 산길을 빠져나오자, 정적으로 가득한 모래해변이 햇살에 한가로이 빛나고 있었다. 마치 해변이 "뭘 그리 아등바등 사냐"고 한마디 툭 던지는 것 같았다. 아무도 없는, 아무도 모를 것 같은 해변에 파도가 철썩 밀려오고 있었다.

테마별 길라잡이

모래 해변 아름다운 명섬, 이일레해수욕장

가는 길: 선착장에서 도로 따라 1km.

모래해변 길이: 1.3km

조수 간만 차이: 심함

화장실 유무: 있음

편의점 및 식당 유무: 슈퍼를 겸한 식당 겸 민박이 있다.

야영장: 야영데크는 없으나 목재 그늘막이 있다. 마을에서 텐트 크기에 따라 15,000~20,000원을 받는다.

매력: 모래가 곱고, 수심이 얕고 깨끗하다.

1박 2일 여행 명섬 승봉도

추천 일정 1일차: 이일레해수욕장, 작은선배해변, 신황정, 부두치해변, 이일레해변

추천 일정 2일차: 당산 산책, 부채바위, 코끼리바위, 선착장

일정 해설: 이일레해수욕장에서 야영하고, 섬을 둘러본다. 낮은 고갯길이 있어, 너무 쉽게 생각하면 힘들 수 있다. 첫날 작은선배해변 카페와 촛대바위, 신황정을 거쳐 부두치해변을 보고 돌아온다. 둘째 날 걷기길을 따라 당산을 올랐다가 산길을 따라 최고 명소인 코끼리바위를 보고 선착장으로 간다.

당산 산행 100m가 되지 않는 낮은 산이라 산행은 어렵지 않다. 당산이라는 이름대신 '승봉 산림욕장'이라 부르기도 한다. 산길도 발디딤 푹신한 오솔길이다. 이일레해수욕장에서 둘레길 같은 숲길을 따라 당산으로 가는 코스가 있다. 당산 정상에서 찻길로 가는 길은 여름에는 덤불이 높다. 당산나무로 돌아가서 다른 길로 가는 것이 낫다.

맛집 & 숙박 선착장 부근과 이일레해수욕장 부근에 식당을 겸한 펜션이 많다. 숙소에 따라서는 패키지 여행을 운영하는 곳도 있다. 봉고 차량으로 명소만 구경할 수 있게 태워준다. 숙소를 예약하면 선착장에서 차량 픽업이 가능하다. 야영 가능한 곳은 승봉도캠핑장과 이일레해수욕장이다. 승봉도캠핑장은 바다가 보이지 않아, 이일레해수욕장이 더 운치 있다.

배편 고려고속훼리와 대부해운에서 각각 배편이 운항한다. 인천항 연안여객터미널을 출발해 자월도~소이작도~대이작도~승봉도를 거쳐서 인천으로 돌아온다. 하루 2회(07:50, 08:30) 운항하며 여객선에 따라 1시간 15분 또는 1시간 40분 가량 걸린다. 매월 배 시간과 운항 횟수는 바뀔 수 있으므로 예약시 확인해야 한다.

승봉도 등산지도

139

14 신도 시도 모도

信島 矢島 茅島

구봉산 180m (인천 옹진군 북도면)
배편 영종도 삼목여객터미널→ 신도(연륙교
　　　2025년 완공 예정)
주의 사항 3개의 섬이 연도교로 연결되어 있어
매력 산은 신도가 좋고, 해변은 시도가 좋고,
　　　모도는 귀여워서 좋다.
추천 일정 1박 2일
산행 난이도 ★☆☆☆☆
(산행 쉽지만 길찾기 주의할 것)

2km
10여분 소요

영종도　　　　　　　　　　　　　　　신도
삼목여객터미널

갈매기들의 새우깡 먹기 묘기

새우깡에 이토록 환장하다니. 삼목선착장에서 배를
타고 신도로 가는 10분 동안 괭이갈매기는 전투를
벌였다. 허공에 던진 새우깡 하나에 떼로 달려드는
광경은 묘기비행 쇼에 가까웠다. 현란한 비행술로
포물선을 그리는 새우깡을 낚아채고, 바닷물에
떨어진 것도 능숙하게 건져냈다. 치열한 경쟁
사회였고, '거지 갈매기'라는 별명이 붙은 이유도 알
것 같았다. 2025년 영종도와 신도를 잇는 연륙교가
생기면 갈매기들의 '새우깡 묘기'가 끝날지도
모른다.

섬과 섬 사이에 연도교 다리가 연결된
3개 섬을 삼형제섬, 혹은 '신시모도'라고 부른다.
신도·시도의 명소를 거쳐 안쪽 모도까지 대략
20km. 걸어가기엔 찻길이라 지루하고, 1시간에
한 번 있는 버스를 타는 불편해 자전거, 스쿠터,
전기바이크로 둘러보는 것이 일반적이다. 배에
자전거를 싣고 오거나, 신도에서 대여하는 것.
자전거 캠핑이 익숙한 민미정·김혜연씨가 배에서
내린다.

의외로 짙은 숲, 구봉산

가장 큰 섬인 신도信島는 주민들이 예부터 서로
믿고 살았다 하여 이름이 유래한다. 3개 섬을 통틀어
최고봉인 구봉산(180m)으로 향한다. 시멘트길
오르막을 끌바(자전거를 끌어서 오르는 것)로 오르자
풍성한 숲의 터널이다. 100m대 산인데도 공기가
다르다.

산악자전거는 아니지만 못 갈 정도는 아니다. 고도를
높이자 흙길로 갈아입더니, 향긋한 진수성찬을
내온다. 해당화와 아카시 향기 범벅의 길, 사람
기분을 띄우는 힘이 있다. 경치 없는 임도는
지루하다는 편견을 깨는 길을 따라 구봉산 기슭을
반 바퀴 돌자, 선물처럼 경치가 터진다. 영종도에서
비행기가 날아오르는 장면이 반복해서 재생된다.
구봉정 앞에 자전거를 세워두고, 정상으로 향한다.
왕복 1.4km의 짧은 산행이라 쓰레기 수거 가방과
집게를 들고 나선다. 깨끗한 것 같지만 등산로에서
한두 발 떨어진 곳에 비닐·페트병이 드문드문
있다. "벌써 정상이야"라는 말이 어울리는, 구봉산.
돌탑이 있는 숲 한가운데서 돌아가며 기념사진을

찍는다. 시원한 맛은 없으나 숲 그늘 짙고 벤치가 있어 사랑방 분위기다. 구봉정으로 돌아가 자전거로 하산한다.

늦바람 불면 피하는 해변, 느진구지

숲 향기 가득 묻힌 채 시도로 향한다. 갯벌과 바다가 반반씩 자리한 다리를 지난다. 수량 적은 강줄기 같은 순한 바다를 지나 다음 섬이다. 가끔 사람을 부르는 길을 만난다. 지금처럼. 왼쪽으로 뻗은 해안선을 따라 난 길의 유혹을 이기지 못한다. 아까시 꽃향이 진동하는 하얀 길 옆으로 수평선이 펼쳐진다.

섬은 대부분 걷기길이 있어 공식처럼 따르는 코스가 많은데, 신시모도는 없다. 발길 닿는 대로, 바퀴 가는 대로 누빌 수 있는 무명의 길이 널려 있다. 시도 남쪽 끝에서 조용한 해변을 만났다. 느진구지해변이다. 어부들이 고기를 잡다 늦바람이 불면 피하는 해변이라 하여 '늦구지'라 부르던 것이 '느진구지'가 되었다고 한다. 바람도 없고 어부 이야기도 전설처럼 전하는 지금은 갯벌만 남았다. 갯벌 가운데 무인도인 오도만 덩그러니 남아 몰락한 왕조처럼 부지런히 세월을 흘려보내고 있었다.

바다와 갯벌만 있는 장골해변

모도와 신도 중간에 있는 시도는 신시모도의 백미에 해당할 정도로 해변이 곱고, 행정 중심지다. 북도면사무소와 북도면종합운동장, 농협은행 등 각종 기관과 편의시설이 몰려 있다.
가파른 언덕을 넘자 4m 높이의 거대한 '도로 끝' 안내판이 있고, 그 뒤로 부드러운 모래 해변이 숨어 있었다. 파도치지 않는, 갯벌만 남은 바다는 영화가 끝난 극장 같았다.
아무도, 어떤 편의시설도 없이, '도로 끝' 안내판만 있는 장골해변은 아까시 나무 노거수가 풍성해 나름 은밀한 야영 명소로 꼽힐 만했다. 노을이 연주하는

빛의 변주곡을 한 박자도 놓치지 않고 들을 수 있는 유일한 해변 같았다. 텐트를 칠까 고민하다. 결국 화장실과 개수대가 있는 수기해수욕장으로 향했다. 식당과 카페가 있는 신시모도의 중심가 북도면사무소 소재지를 지나자 꼬리 흔들며 달려오는 '시고르자브종' 같은 풍경의 연속이었다. 시고르자브종은 '시골잡종 개'를 그럴듯하게 부르는 농담 섞인 속어. 언덕을 넘자 딴 세상이다.

아까시 나무 아래 텐트 치고 하룻밤

관광지 분위기의 수기해수욕장이다. 500m에 달하는 긴 모래해변. 식당과 편의점이 있는 단독 건물, 지은 지 얼마 되지 않아 깨끗함을 유지한 화장실과 개수대, 분리수거장이 있어 하룻밤 지내기 제격인데, 텐트 친 이가 아무도 없다.
주민으로 보이는 할머니께 텐트 치고 하루 묵어도 될지 여쭈자 "지난 주말에도 텐트 엄청 쳤다"며 "평일이라 사람이 없는 것"이라 일러 준다. "꼭 자고 가라"며 "쓰레기봉투며 음식도 팔아 주면 좋고"라는 말을 덧붙인다. 일단 쓰레기봉투만 사서 텐트 칠 자리를 찾는다.

해변가에 아까시 나무 거목이 널렸다. 해변 깊숙한 곳, 아까시 나무 아래에 텐트를 친다. 달콤한 향기가 은은히 퍼지니, 인도네시아 발리 해변에 온 듯하다. 이 넓은 해변에 사람이 없는 건, 잔뜩 흐린 하늘 탓도 있다. 텐트를 치자마자 비가 쏟아진다. 텐트에 떨어지는 빗소리가 드럼 소리처럼 상쾌하다.

화살 '시矢'는 오해로 생긴 이름

아침이 되자 반가운 손님이 와 있었다. 바다 건너 마니산이 힘을 주며 잔뜩 폼을 잡고 있다. 흐렸던 탓에 묻혀 있던 맞은편 강화도 산등성이가 또렷하게 드러났다. 강화도에서 이 섬을 과녁삼아 화살을 쏘았다 하여 '시도矢島'라 불린다는 말이 있으나, 잘못된 설명이라고 한다.

원래 고기 잡는 '살'을 많이 설치했다고 하여 '살섬'이라 불렀다고 전한다. 한자로 표기하는 과정에서 오해가 있어 '사람이 살 만한 섬'이란 뜻의 '살 거居'자를 써서 거도로 표기하게 된 것. 이후 살섬이 와전되어 '살'은 화살로 잘못 이해되어 시도矢島라 표기하게 되었다. 강화도에서 시도까지

5km 떨어져 있어 화살로는 닿을 수 없는 거리다. 오해에 오해가 쌓여 없던 이야기까지 생긴 셈이다.

조각공원 예쁘장한 모도

텐트를 접기 아쉬울 만큼 시도는 좋은 야영터였다. 모도가 남아 있어 다시 자전거 페달을 밟아 출발한다. 모도는 그물에 고기는 올라오지 않고 띠茅(모 · 여러해살이 풀)만 걸린다고 해서 이름이 유래한다. 모도는 '배미꾸미조각공원'이 기념사진 명소다. 이일호 조각가의 조각 작품 100여 점이 있는 해변은 색다른 즐거움이 있었다. 사랑과 고통, 삶과 죽음을 담은 초현실적이고 강렬한 색감의 작품이 바다 앞에 서 있었다. 1석3조가 아닌 1석3도島 여행의 끝이다. 신도 선착장에는 갈매기가 마중 나와 있었다. 다시 벌어진 새우깡 혈전. 유독 한 마리가 관심 없다는 듯 점점 높이 날아오르고 있었다. 먹이를 구하기 위해 나는 다른 갈매기와 달리 비행 자체를 사랑하는 갈매기 같았다. 리처드 버크의 소설 〈갈매기의 꿈〉 주인공 조나단일까? 높은 곳으로 향하는 날갯짓이 자유로웠다.

모래 해변 아름다운 명섬, 시도 수기해수욕장

가는 길: 선착장에서 도로 따라 1km.
모래해변 길이: 500m
조수 간만 차이: 심함
화장실 유무: 있음
편의점 및 식당 유무: 편의점과 식당 주차장 있음. 주차장 있음
대중교통: 신도 선착장에서 1시간에 한 대씩 운행하는 버스 있음.
야영장: 그늘막 데크 야영장 운영. 전기 있음. 1박 4만 원.
매력: 바다 건너 보이는 마니산과 갯벌 체험, 편의점과 식당.

1박 2일 여행 명섬, 자가용 여행

추천 일정 1일차: 구봉산 산행, 느진구지해변, 장골해변, 수기해수욕장 캠핑.
추천 일정 2일차: 배미꾸미 조각공원(입장료 2,000원), 북도면사무소 부근 식당 식사, 선착장.
일정 해설: 자가용 이용시 신도1리마을회관 부근에 주차하고 옆 산길로 구봉산을 다녀온다. 정상에 올랐다가 구봉정을 거쳐 둘레길 비포장 임도로 다시 돌아오는 코스.

1박 2일 여행 명섬, 자전거 여행

추천 일정 1일차: 느진구지해변, 모도 배미꾸미 조각공원, 수기해수욕장 캠핑
추천 일정 2일차: 수기해수욕장, 북도면사무소 부근 식당 식사, 선착장.
일정 해설: 완전히 순회하는 코스를 둘러보기에는 고개가 많다. 선착장에서 느진구지해변 가는 길이 완만하여 쉽다. 모도 배미꾸미까지 가서 둘러보고, 시도 수기해수욕장 캠핑을 즐긴다. 북도면사무소 부근에 식당과 카페가 있다.

당일 여행 명섬, 신시모도

추천 일정 1: 신도에 도착하여 버스를 타고 가장 안쪽 섬인 모도로 간다. 배미꾸미 조각공원을 보고, 시도 수기해수욕장을 보고, 배미꾸미해변에 들렀다가 선착장으로 돌아오는 당일치기 도보여행.
추천 일정 2: 버스를 타고 수기해수욕장으로 간다. 식당과 카페에서 음식을 먹으며 해변의 나른함을 누린다. 버스를 타고 선착장으로 돌아온다. 수기해수욕장에서 보내는 한 나절 만으로도 신시모도는 충분히 갈만하다.
추천 일정 3: 스쿠터를 대여하여 신도부터 시계 반대 방향으로 드라이브 하며 둘러본다. 느진구지, 장골해변, 수기해수욕장, 배미꾸미 조각공원을 순회하여 선착장으로 돌아온다.

여행 가이드 수기해수욕장 도보 캠핑이 목적이라면 선착장에서 버스를 타고 곧장 수기해수욕장으로 가서 텐트를 치고, 시도 중심을 둘러본다. 스쿠터나 전기바이크를 대여한다면 신도4리와 3리 시계 반대 방향으로 신도를 한 바퀴 돌아 시도로 간다. 시도에 닿자마자 왼쪽 해안선을 따르는 길이 운치 있다. 느진구지해변과 장골해변을 구경하고 수기해수욕장에서 1박한다. 시도의 장골해변과 느진구지해변은 작고 은밀한 매력이 있으나, 주변에 화장실을 비롯한 편의시설이 전혀 없다. 모도의 배미꾸미 조각공원은 초현실적인 조각품이 있는 해변으로, 조각품을 배경으로 기념사진을 찍을 수 있는 이색적인 명소다. 입장료 2,000원.

구봉산 산행 낮지만 숲이 짙어 걸을수록 상쾌해지는 산이다. 선착장에서 1km 걸어 마을 골목 안쪽에서 곧장 산길로 연결된다. 구봉정 정자 경치가 좋으므로 둘레길 임도에서 우측으로 가서 구봉정에서 정상을 올랐다가 시도 방향으로 하산하는 것이 효율적이다. 정상은 트인 경치는 없지만 BAC 인증지점이다.

맛집 & 숙박(지역번호 032) 신도와 시도에 식당이 밀집해 있다. 수기해수욕장에도 카페를 겸한 식당이 있다. 신도 맛집으로 병어조림, 생선구이 서리태콩국수가 별미인 도애식당(751-6100), 전복 요리 전문 고남정(746-0375), 가정식백반, 갈치구이, 된장찌개가 별미인 토속먹거리(751-8258) 등이 있다. 3개 섬 구석구석에 펜션이 많다.

배편 영종도 삼목여객터미널에서 신도와 장봉도를 순회하는 배편이 운항한다. 하루 13여회(07:10~20:10) 운항. 출발 5분 전 매표를 마감한다. 신분증 필수. 이용료 2,000원. 10분 소요. 승용차 편도 10,000원. 2025년 영종도를 잇는 연륙교 개통 예정.

버스 신도 선착장에서 곧장 시도 방향으로 가는 1번 버스와 신도4리 방향으로 가는 2번 버스가 운행한다. 버스는 한 대이며, 시간 대에 따라 1번 버스 방향으로 7회 운행하며, 2번 방향으로 5회 운행한다. 2번 방향으로 가더라도 신도 마을을 순회하여 수기해수욕장과 모도 조각공원으로 간다. 목적지가 수기해변이거나 모도라면, 시간이 조금 더 걸리는 차이가 있을 뿐이다.
1시간에 한 대 운행.

신도 시도 모도 등산지도

149

15 연평도 延坪島

해송정 100m(인천 옹진군 연평면)
배편 인천항 연안여객터미널→ 연평도
주의 사항 오전 오후 1회씩 하루 2회 운항
매력 섬 전체가 안보교육장,
　　　　빠삐용 절벽의 수려함
추천 일정 1박 2일
산행 난이도 ★☆☆☆☆
(최전방이라 제대로 된 산행 어려움)

100km
2시간 소요

인천항
연안여객터미널

연평도

시인의 고향 연평도

'나는 한동안 무책임한 자연의 비유를 경계하느라
거리에서 시를 만들었다. 거리의 상상력은
고통이었고 나는 그 고통을 사랑하였다. 그러나
가장 위대한 잠언이 자연 속에 있음을 지금도 나는
믿는다. 그러한 믿음이 언젠가 나를 부를 것이다.
나는 따라갈 준비가 되어 있다. 눈이 쏟아질 듯하다.'
–기형도 〈입속의 검은 잎〉 시작詩作 메모

요절한 시인의 고향은 찬란했다. 하늘은 순수한
파랑이고, 바닷물은 맑았다. 왁자지껄 군인들과
주민들, 일하러 온 사람들이 선착장을 오갔다.
사람도 섬도 늙어가는 다른 섬에 비하면, 생기로
가득했다. 김웅진·임효빈씨가 동행했다.
마을로 들어서자 공원 한편에 연평도를 고향으로
둔 기형도 시인의 안내판이 있다. 시인의 부친은
6·25 때 고향인 황해도를 떠나 이곳으로 건너왔고,
1964년 경기도 광명으로 옮겨갔다.

특별한 인증지, 안보교육장

시인이 다섯 살 되던 해에 뭍으로 이사했으니, 고향
섬에 대한 기억은 없는 것과 마찬가지였다. 일간지
기자로 일하다 첫 시집 발간을 앞두고 뇌졸중으로
29세에 숨을 거두었다. 유고 시집 〈입 속의 검은
잎〉은 가난했던 시절의 슬픔을 아름다운 언어로
노래했다는 평을 받았다.

BAC 섬&산100 인증지점이 안보교육장이다.
대부분 인증 장소가 산 정상이나 관광 명소임을
감안하면, 특별한 인증지다. 2010년 북한의 포탄이
민가를 포격한 현장을 교육 현장으로 보전했다.
천장이 무너지고 불에 타서 검게 폐허가 된 민가를
보자 덜컥 분단국가이자 휴전 중이라는 현실의
무게감이 느껴졌다. 북한이 160여 발의 포탄을 쏘아
우리 군인 2명과 주민 2명이 목숨을 잃었고, 민관
합쳐 60여 명이 부상당했다.

순둥한 초원 무인도, 구지도

살아남은 주민들은 인천으로 피란해 몇 개월을
머무르다 돌아왔으며 지금도 "어디서 큰 소리가
들리면 가슴이 철렁 내려앉으며 비명을 지른다"고
하는 주민들도 있다. 겉으로는 평온해 보이지만
포격전 트라우마는 마음 깊은 곳에 남아 있었다.
골목에서 만난 주름 깊은 노인은 "사진 다 찍었으면
육지로 돌아가라"고 했으나, 아주머니가 와서
"포탄이 떨어졌던 기억 때문에 외지인이 다칠까봐
그러는 것"이라 일러주었다.
숙소에 짐을 풀고 민박집 차량을 얻어 타고 길을
나섰다. 다시 선착장으로 갔다. 반포대교마냥
물에 잠기는 1층 길과 상시 차량이 오가는 2층의
길이 있었다. 중간쯤에서 바다로 길이 나 있었다.
송아지마냥 순둥한 곡선의 무인도가 있었다. 갈 수만
있다면 조각품 같은 초원섬인 구지도求地島에서
하룻밤 야영하고 싶었으나, 멸종위기 야생동물
1급이자 천연기념물인 저어새의 터전이며 특정도서

233호로 지정된 섬이라 보는 것으로 만족해야 했다.

연평도 주민이 알려준 정상, 해송정

낮은 산등성이에 팔각정이 있다. 동진정 정자에 올라서자 방파제와 마을이 차분히 펼쳐진다. 이토록 평화로운 어촌의 이면에 전쟁의 불안이 도사리고 있다니 놀랍다. 최전방이라 상세한 지도를 구하기는 어려웠다. 길가의 마을 주민께 묻자, 매일 오르는 산책 코스를 일러주었다. 임도를 따라 수월하게 고도를 높이더니 바닥에 깔린 코코넛 매트를 따라 억새와 숲이 무성한 길로 이끌었다. 풀이 높았으나 걷기 불편할 정도는 아니었다.

산책길 같은 산길은 이내 정상인 해송정에 닿았다. 2층 정자인 해송정에 서자, 배를 타고 오느라 답답했던 속이 개운해졌다. 산을 내려서자 작지만 깔끔하게 정돈된 연평도성당이다. 해송정에서 보았을 때 눈에 띄는 한옥 건물이 있다. 골목을 지나 다가가보니 충민사다. 문이 잠겨 들어갈 수는 없었지만 잘 관리되어 있다.

임경업 장군과 황금의 '파시'

충민사忠愍祠는 임경업(1594~1646) 장군을 기리는 사당이다. 임경업 장군이 청나라에 맞서 명나라의 도움을 청하러 가던 중 연평도에 잠시 정박했는데 조수간만의 차이를 이용해 가시나무(엄나무)를 갯벌에 꽂아 고기를 잡는 것을 보고 연평도 주민들이 따라하게 되었다. 이것이 조기잡이의 시초였다. 이후 주민들이 임경업 장군을 기리는 사당을 만들고 봄마다 풍어를 기원하는 제사를 지내게 되었다.

연평도는 일제강점기와 1960년까지 조기잡이로 유명했다. 물 반 고기 반이라 하여, 조기를 잡는 것이 아니라 바다에서 퍼 담는다고 했을 정도며, 어시장을 뜻하는 파시波市를 '황금의 파시'라 불렀다. 당시 어획고는 천문학적 수치로 연평어업협동조합의 1일 출납고가 한국은행 출납보다 액수가 높았다고 한다. 뱃노래에도 "돈 실러 가세, 돈 실러 가세, 황금바다 연평 바다로 돈 실러 가세"라는 가사가 전한다.

'고향 땅 늘기막엔 밟아볼라요'

동북쪽 끝 전망대인 망향전망대에 닿자 10km에 불과한 황해도 땅이 가깝다. 북방한계선NLL까지 2km가 되지 않을 정도로 가까운데, 중국 국기를 단 배가 여러 척 보인다. 민감한 지역이라 접근이 어려운 상황을 이용해 중국 어선들이 떼를 지어 고기를 잡는다고 한다. 망향의 심정을 모르는 세대지만 '어매여, 시골 울 엄매여! 어매 잠든 고향 땅을 내 늘그막엔 밟아 볼라요!'라는 탑에 새겨진 망향가 가사에서 실향민 마음이 와 닿는다.

구리동해수욕장 넓은 주차장이 텅 비었다. 몽돌인데 파도가 닿는 곳은 모래다. 멀리 황해도 땅 능선이 구름처럼 뻗었다. 귀순 안내문과 철조망이 있는, 인적 없이 파도 소리만 있는 해변의 평화가 생소하다. 뉘엿뉘엿 지는 해와 함께 군인들이 다가와 친절한 어조로 "이 시간엔 해안을 봉쇄하니 나가달라"고 했다. 남자인줄 알았는데 여군 장교와 사병이다. 먼 섬에서 고생하는 딸과 아들이 안쓰러웠으나 빨리 해변을 떠나는 게 돕는 것이다.

가라, 어느덧 황혼이다

가장 경치가 좋다는 평화공원을 마지막으로
찾았다. 제1연평해전과 제2연평해전, 연평포격
희생자를 추모하는 위령비 앞에서 묵념했다.
평화롭지만 공기가 무겁게 느껴진 건,
그래서인지도 모른다.
조기박물관 2층 전망대에 올라서자 일명
빠삐용절벽을 닮은 북서쪽 해안선이 훤히
드러난다. 구축함 뱃머리처럼 거칠게 튀어나온
절벽 해안선과 부드러운 해변의 조화. 망망대해와
한없이 길게 뻗은 황해도 땅. 현실과 동떨어진 듯
기형도 시가 어울리는 장면이었다.
'가라, 어느덧 황혼이다 / 살아있음도 살아있지
않음도 이제는 용서할 때 / 구름이여, 지우다 만
창백한 생애여 / 서럽지 않구나 어차피 우린 /
잠시 늦게 타다 푸시시 꺼질 / 몇 점 노을이었다'
–'쓸쓸하고 장엄한 노래여' 중에서
시인은 1980년대에 시를 썼고, 세월은 30년
넘게 흘렀다. 다섯 살 때 섬을 떠난 그의 기억엔
연평도가 없을 텐데 쓸쓸하고 장엄한 느낌이 묘하게
어우러졌다. 시인이 아홉 살 때 든든한 가장이던
부친이 중풍으로 쓰러져 가계가 기울고, 누이가
불의의 사고로 죽고, 이 무렵부터 시를 썼다는
시인의 알 수 없는 불안 같은 황혼이었다.

분홍빛 대초원, 칠면초 간척지

연평도 선착장 맞은편 방파제 끝 공터가 눈에
띈다. 동방파제라 불리는 축구장 여러 개 넓이의
간척지인데 분홍색 칠면초가 환상적이다. 분홍빛
대초원인 것. 강화군 석모도나 교동도 칠면초
군락지는 갯벌이라 발이 빠져 걷기 어려운데, 바싹
햇볕에 마른 딱딱한 땅이라 쾌적하다. 고기잡이를
마친 배들이 간간이 들어오고, 별들이 제 집을
찾아왔다. 밤하늘도 현실감 없긴 마찬가지였다.
연평도의 밤은 도시의 밤보다 거대했다. 도시의
아침에서 흐린 장막을 벗겨낸듯 생생하고 경이롭다.
인천행 배에 올라 연평도를 보았다. 골목에서 만난
주름 깊은 노인이 손 흔들고 있었다.

북한 조망 명섬, 연평도

망향전망대: 북한 황해도 땅과 10km 거리이다. 북쪽
대부분의 섬이 북한 땅이다. 망향전망대는 70m에 이르는
봉우리 꼭대기 전망대이다. 북쪽 해안가에 있어 북한 땅이
넓게 드러난다. 민간인이 합법적으로 오를 수 있는 가장
쾌적한 전망대로, 찻길이 나섰다.

조기역사관: 평화공원, 등대공원, 조기역사관 전망대는
모두 한 곳에 있다. 걸어서 순서대로 둘러볼 수 있다. 특히
조기역사관 일대에서 영화 '빠삐용'의 한 장면 같은 벼랑이
겹쳐서 뻗은 해안선을 한 눈에 볼 수 있으며, 황해도 일대의
장산지맥이 실루엣으로 흘러간다. 연평도 최고 명소라 해도
과언이 아니다.

1박 2일 여행 명섬 연평도

추천 일정 1일차: 꽃게탕 식사, 동방파제 칠면초 간척지,
망향전망대, 구리동해수욕장, 조기역사관
추천 일정 2일차: 함상공원, 동진정, 까치산 해송정.

안보교육장, 선착장
일정 해설: 산길이 완전히 없는 것은 아니지만, 사람이
다니지 않아 풀이 높고 군사 시설이 있어 산행으로 섬을
순회하기에는 억지스러운 면이 있다. 주민들이 가장 많이
다니는 코스는 마을 뒷산인 까치산 해송정(정자) 코스다.
동진정에 올랐다가, 동방파제 매립지 둘레를 둘러보고 와서
해송정을 오르면 안전한 걷기를 마무리할 수 있다.
동방파제 매립지는 가을이면 칠면초가 분홍으로 물들어
장관이다. 나머지 명소는 차량을 렌트하거나, 여행사
차량을 이용하는 것이 효율적이다.

2박 3일 여행 명섬 연평도

추천 일정 1일차: 망향전망대, 연평평화전망대,
구리동해수욕장, 꽃게탕 식사, 숙소
추천 일정 2일차: 함상공원, 동진정, 동방파제 칠면초
간척지, 꽃게간장게장 식사, 까치산 해송정.
가래칠기해변~조기역사관
추천 일정 3일차: 구리동해수욕장, 안보교육장, 선착장.
일정 해설: 여유 있게 둘러보려면 2박 3일이 좋다. 첫날
차량으로 전망대를 순회하고, 둘째 날 걷기 위주로 명소를
둘러본다. 가래칠기해변에서 해안선 산길을 따라
조기역사관으로 올라갈 수 있다. 꽃게를 요리별로 먹는 맛
기행도 빼 놓을 수 없는 연평도 필수 코스.

여행사 이용하면 편리한 연평도

연평도는 걸어서 둘러보기에는 넓다. 작은 산이 많고 출입
통제 구역이 많아 차량으로 둘러보는 것이 효율적이다.
여행사를 이용하면 배편 예약, 숙소 예약, 식당 예약, 차량
이동을 한 번에 해결할 수 있다. 섬 내에 택시가 없다. 섬 내
공영 버스는 하루 2~3회 운행하지만 망향전망대나
구리동해수욕장, 조기역사관 같은 명소를 가지 않는다.
차량 렌트는 숙소나 여행사에 문의해야 한다.

맛집(지역번호 032) 연평도하면 빼놓을 수 없는 것이
꽃게다. 연평도는 서해를 대표하는 꽃게 어장이다. 산란기를
거친 가을 꽃게는 껍데기가 단단해지고 속살이 차올라 맛이
뛰어나고 풍부한 영양을 자랑한다. 식당과 숙소는
연평면사무소 인근에 집중되어 있다. 자매가 운영하는
보물섬식당(832-4160)은 속이 꽉 찬 제철 꽃게를 푸짐하게

내어놓는다. 꽃게탕 국물이 시원하고 가격대비 양이 많은
것이 특징. 이밖에도 우럭건탕, 조기매운탕, 삼겹살, 제육볶음,
백반 등이 있다. 미영식당(831-4327)은 TV프로그램
'한국인의 밥상'에 소개된 맛집. 살이 꽉 찬 꽃게탕 전문이며,
꽃게간장게장과 복어탕 등의 메뉴가 있다. 이밖에 연평도
유일한 빵집 연평베이커리와 사천탕수육과 쟁반짜장이
별미인 칭칭차이나(831-6167)가 있다. 송림식당(832-
4707)은 군 장병들이 즐겨 찾는 숯불구이 고기집. 돼지갈비,
생삼겹, 주먹고기 등이 있다.

숙박(지역번호 032) 선착장 앞에 숙소가 밀집해 있다.

여행자를 위한 펜션보다는 군 면회객을 위한 여관급 숙소가
많다. 엘림펜션(832-7751), 전원펜션(831-8990)이 깔끔한
편이다.

배편 인천항 연안여객터미널에서 고려고속훼리가 하루
2회(08:00, 13:00) 운항한다. 2시간 걸리며 소연평도와
대연평도를 경유해서 인천으로 돌아온다. 연평도행 배가 하루
2회(10:30, 15:30) 운항한다. 운항 시간은 월별로 바뀔 수
있으므로 해당 선사와 인천항 연안여객터미널을 통해
확인해야 한다. 배에 따라서 자전거 선적이 불가능한 배도
있으므로 자전거 여행시 미리 확인해야 한다.

연평도 등산지도

159

16 영종도 永宗島

백운산 255m (인천 중구)
배편 인천대교와 영종대교 있어
차량 통행 가능
주의 사항 인천국제공항 있는 섬, 4개 섬
간척하여 하나로 재탄생해
매력 공항 뒤에 가려진 자연미. 교통 편리하고
편의시설 많아 쾌적해
추천 일정 당일
산행 난이도 ★☆☆☆☆
(용궁사 기점 산행 편하지만 원점회귀 어려워)

영종대교 또는 인천대교로 진입,
공항철도 이용

영종도

아픈 현대사 압축된 한국인의 힘

두 번이나 겪은 지독한 치욕. 쓰라린 패배를 잊을
수 없는 그는 절치부심하여 다시 태어났다. 낯선
서양인과 일본인에게 두 번의 패배를 겪었다. 자줏빛
제비로 불리던 순박했던 그는 흰 포말의 파도를 입에
물고 쓰러졌다.

상처 없는 영혼이 어디 있던가. 칠흑 같던 투망의
덫을 빠져나와 고요한 망망대해에 땀을 쏟아 부었다.
군인의 시신이 뒹굴고 약탈당한 어부가 넋 놓고
바라보던 은빛 바다의 부활. 몰락한 4개의 영혼이
하나로 부활해 거대한 날개를 펼치고 일어섰다. 그의
이름은 영종도다.

원래 이름은 제비가 많은 섬이라 하여
'자연도紫燕島'라고 불렸다. 조선시대에 해안 요새인
영종진永宗鎭이 설치되어 지금의 이름이 되었다.
1868년 독일 상인 오페르트 남연군묘 도굴 사건의
주동자들이 이곳에 상륙해 행패를 부렸다. 1875년
운요호 사건 때는 일본군이 영종도의 조선 수군을
전멸시키고 요새를 파괴한 뒤, 민간인 학살과 약탈을
범하며 피바람을 일으켰다.

상처를 간직한 섬은 1990년대부터 변신을 꾀했다.
영종도, 신불도, 삼목도, 용유도 4개의 섬이 간척을
통해 하나로 다시 태어났다. 대규모 간척 사업은
10여 년간 계속되어 우리나라에서 6번째 큰

섬(125㎢)으로 부활했다. 2001년 동북아 최대
공항인 인천국제공항으로 태어났고, 바다를 가르는
거대한 다리인 인천대교와 영종대교가 세워졌으며,
고속도로와 공항철도가 들어섰다. 현대사가 압축된
한국인의 힘을 보여 주는 섬, 영종도로 간다.

흥선대원군이 지은 이름 용궁사

등산을 즐기는 트로트 가수 손빈아·장하온과 함께
영종도 백운산으로 간다. 영종도 최고봉最高峰이자
백운산 최고最古 사찰인 용궁사로 간다. '용궁사'란
이름의 절이 곳곳에 많이 있으나, 가장 오래된 절이
영종도 용궁사다. 신라시대 원효대사가 문무왕
10년(670)에 창건했다. 백운산 산 이름도 이곳 절의
첫 이름인 백운사에서 유래한다. 그후 구담사로
바뀌었다가 흥선대원군에 의해 중수되면서
용궁사로 바뀌었다.

여기에는 믿거나 말거나한 전설이 있다. 옛날
운묵마을 예단포에 손씨 성을 가진 어부가
고기잡이를 하고 있었는데 끌어올린 그물에서
돌부처가 나왔다. 고기를 기대했던 어부는
투덜거리며 돌부처를 바다에 던졌다. 며칠 후 다시
그물을 던졌더니, 돌부처가 다시 올라왔고 바다에
다시 던졌다.

그날 밤 손씨의 꿈에 백발노인이 나타나 "돌부처가
다시 걸리면 이번에는 영종도 태평암에 가져다
놓으라"고 했다. 아니나 다를까 다음날 돌부처가
그물에 올라오자, 그는 태평암에 가져다 세워
놓았다. 이후 영종진 군졸들이 돌부처에 활을 쏘며
장난을 쳤는데, 그 자리에서 숨을 거뒀다고 한다. 이
소식을 들은 백운사 주지가 돌부처를 절에 모셔갔고,
이 소문이 퍼져 영험하다 하여 신도들이 기도하러
몰려들었다.

이 이야기를 들은 흥선대원군은 절을 고쳐
지어주었고, 용궁에서 온 불상이 있으니 용궁사로
절 이름을 고치는 것이 좋겠다고 하며, 현판을 써

주었다. 흥선대원군이 친필로 쓴 현판은 지금도 요사채에 걸려 있다. 용궁사에는 과거 옥으로 된 불상이 있었으나 일제강점기에 도둑맞았다고 한다. 사람들은 사라진 옥불상이 바다에서 건져 올린 석불이라 믿고 있다. 옛 구담사 시주자 명단에는 마지막 대왕대비 조씨 등의 이름이 있어 왕실의 후원을 받았음을 알 수 있다.

할머니 나무 곁으로 가는 할아버지 나무

왕과 왕비의 현신인가. 1,300년 수령의 거대한 느티나무 두 그루. 왕실은 아직 끝나지 않았다며 곤룡포를 입은 거인처럼 버티고 섰다. 전설 몇 개쯤 가지고 있음직한 늙은 느티나무는 속이 텅 비어 있다. 이토록 속을 다 비워내고도 제공권을 완전히 장악한 모습이라니, 1,300년을 버틴 비결은 소유하는 것이 아닌 비워냄이었다.

할아버지 할머니 나무라 불리는데, 할아버지 나무는 할머니 나무쪽으로만 가지를 뻗는다고 한다. 예부터 아이를 낳지 못하는 여인이 용황각 약수를 마시고 할아버지 나무에 치성을 드리면 아이를 낳는다는 설이 있다.

비행기 구경 일번지, 백운산 정상

야자 매트가 깔린 푹신한 산길로 든다. 야트막한 정상(255m)까지는 1km 거리, 그래서 고도를 높일수록 아침 운동 삼아 온 주민들이 늘어난다. 높이가 낮다 하여 방심하지 않는다. 길찾기에 주의하며 조심스레 올라서인지 정상이 금방이다. 멀리서 비행기가 분주히 오가는 걸 구경하노라면, 시간 가는 줄 모르고 보게 된다. 백운산 정상은 그야말로 인천국제공항 전망대인 것. 동쪽으로 인천대교가 길게 이어지고 서쪽으로는 신도, 시도, 모도, 장봉도가 영종도를 호위하는 구축함마냥 바다에 떠 있다.

운서초등학교 방향으로 하산한다. 거친 숨을

가라앉히듯 호흡을 차분하게 만드는 힘이 있는 정갈한 침엽수 숲이 마중 나온다. 이렇게 키 큰 리기다소나무 숲은 드물다. 얼핏 잣나무나 가문비나무로 오해할 정도로 곧고 길게 뻗어, 공기가 차분해지는 것만 같다.

미래 지향적 공원 씨사이드파크

신도시 분위기의 주택가로 이어진다. 영종도에도 걷기길이 몇 개 있는데, 둘레길은 백운산을 내려와서 동쪽 해안선인 씨사이드파크로 이어진다. 인천시에서 운영하는 동쪽 해안가의 공원에는 레일바이크, 캠핑장 같은 다양한 편의시설과 해안선을 따라 자전거길이 나온다. 자전거 대여소가 있어 라이딩을 즐기려 했으나, 겨울엔 운영하지 않는다는 안내문에 발길을 돌린다.

사람 없이 고요한 공원, 바다가 주인공이다. 미래의 빙하기로 순간 이동한 걸까. 파도가 그대로 얼어붙었다. 호수마냥 얼어붙은 바다, 그 뒤로 인천 시내의 빌딩숲이 희미한 실루엣을 이룬다. 회색 풍경이 삭막하면서 깊은 심연 속인 듯 아득하다. 미래 지향적인 조형물이자 전망대인 스카이데크를 걷는다. 정작 눈길을 끄는 건 바다 건너의 놀라운 건축물이다. 바다를 건너는 21km의 인천대교는 바다에 세운 바벨탑마냥 경이롭다. 이토록 긴 다리는

본 적이 없다. 실제로 대한민국 최장 교량이며,
세계에서 5번째로 긴 다리이다. 특히 탈북민 중에는
인천대교를 처음 보고 충격 받은 이가 많다고 한다.
남한 입국 후 국정원으로 가는 버스에서 인천대교를
처음 보게 되는데 압도적 규모와 외형에 놀라움을
금치 못했다고 한다. 바다 한가운데 이토록 거대한
다리를 세운 한국의 기술력에 충격 받는다고 한다.

의외로 고즈넉한 을왕리해수욕장

다음날 다시 찾은 영종도. 동장군의 칼날이
성성하다.두꺼운 장갑과 구스다운재킷,
프리마로프트재킷, 귀마개 등 겨울 장비가
총출동한다. 대신 차가운 공기는 맑은 시야를
데려왔다. 을왕리해수욕장이다. 유명세에 걸맞게
회나 조개를 파는 식당이 늘어서 있었다. 그럼에도
바다는 서정적이다. 깨끗한 모래해변에는 미처
썰물 때 빠져나가지 못한 포말의 파도가 얼어 있다.
금목걸이를 한 젊은 사내가 방파제 끝까지 차를 몰고
와 음악을 크게 틀어놓고 들썩거릴 것만 같았으나,
을왕리의 아침은 고요하다.
선녀바위둘레길 혹은 문화탐방로라는 이름의
둘레길이다. 을왕리해수욕장에서 해안선을 따라

선녀바위해수욕장으로 이어지는 3km의 걷기길.
데크길을 따라 툭 튀어나온 반도 끝으로 간다.
쉼터며 전망데크, 기념사진 명소가 잘 정비되어 있어
주말엔 꽤 북적일 것 같다.

햇살이 투영하는 파도, 그리고 희망

걷기길은 조금 지루할 만하면 독특한 조형물과
전망데크가 나타나 잔잔한 재미가 있다. 그 정점에
출렁다리가 있다. 붉게 칠한 다리는 기념사진 찍기
안성맞춤이다. 선녀바위 해변에 닿자 갈치 비늘처럼
바다가 살아 반짝인다. 드문드문 보이는 관광객들
겉옷 지퍼를 내릴 만큼 오른 기온, 이제야 관광지
분위기가 난다. 밀물이 사람을 슬그머니 밀어낸다.
아랑곳 않는 두 사람이 바다로 향한다. 갈매기 떼가
두 사람 곁에 몰려 왔다가 돌아가길 반복한다.
새우깡을 주는 것으로 착각한 것 같다. 관광객에
길들여진 묘한 습성이다.
두 사람이 뛴다. 단단한 해변을 춤추듯 질주한다.
한껏 몰려온 갈매기가 순간 날아오르며 어딘가로
날아간다. 새우깡에 감춰진 실상과는 달리 뭔가
희망이 깃든 장면이다. 영종도 파도의 물살마다
새겨진 햇살에서 이상한 삶의 원기가 끓어오른다.

테마별 길라잡이

모래 해변 아름다운 명섬, 을왕리해수욕장

가는 방법: 영종대교 지나 용유IC를 나와서 10km 직진하면 닿는다.

모래해변 길이: 600m

조수 간만 차이: 심함. 드넓은 갯벌.

화장실 유무: 있음 **편의점 및 식당 유무:** 많음.

야영장: 을왕리해수욕장에서 별도로 야영장을 운영하지는 않는다. 다만 낮에 텐트를 설치하여 피크닉을 즐기는 건 무료로 가능하다. 유흥가 분위기의 음식점이 많고 차량 소음이 있어 여기서 캠핑하는 사람은 드물다. 부근에 유료 캠핑장이 여럿 있다.

추가 정보: 영종도 서쪽 해안선에 북쪽부터 왕산해수욕장, 을왕리해수욕장, 선녀바위해수욕장이 이어진다. 을왕리 공영주차장은 하루 4,000원이며, 선녀바위해수욕장은 무료.

차로 갈 수 있는 명섬, 영종도

가는 방법: 서울 방면에서 온다면 영종대교, 수도권 남부에서 온다면 인천대교 진입.

주차장: 용궁사 주차 무료(임도 오르막길), 씨사이드파크 주차장 무료, 하늘정원 주차장 유료, BMW드라이빙 주차장 무료, 왕산마리나항 주차장 무료.

대중교통 이용: 공항철도 운서역 2번 출구로 나와서 1.7km 걸으면 하늘고교 옆 백운산 등산로 입구에 닿는다. 공항철도 영종역 2번 출구로 나와서 200m 이동하여 금산경로당에서 중구3번, 4번 마을버스를 타고 용궁사 입구에 하차한다.

백운산 산행 정보

백운산 산행에서 유서 깊은 사찰 용궁사를 빼놓을 수 없다. 영종역에서 나와서 마을버스를 타고 용궁사와 정상을 거쳐 하늘고교 방면으로 하산하여 운서역으로 귀가하는 방법이 있다. 3km이며 2시간 정도 걸린다. 자가용 이용시 용궁사에 주차하고, 정상에서 왔던 길로 되돌아간다.

당일치기 여행 명섬, 영종도

영종도는 우리나라에서 6번째 큰 섬(125㎢)이다. 걸어서 섬을 둘러보는 건 한계가 있다. 자가용으로 이동하며 명소만 트레킹하거나, 자전거를 이용하는 것이 합리적이다. 추천 트레킹 명소는 섬 최고봉인 백운산, 씨사이드파크, 선녀바위둘레길이다.

영종도 둘레길이 몇 코스 있으나 땡볕 아스팔트길이 많고 이정표나 표식이 드물어 권하기 어렵다. 씨사이드파크는 동쪽 해안선을 따라 6km 이어진 대형 공원이다. 레일바이크(6km), 캠핑장, 물놀이장, 인공폭포, 전망대, 테니스장, 풋살장, 농구장, 족구장, 카페 등 시설이 많다. 해안선을 따라 자전거로 둘러보기 제격이며, 3월부터 11월까지 바다자전거 대여소를 운영한다. 1인승 1시간 대여 2,000원이며, 2인승 자전거 1시간에 5,000원이다. 월요일과 화요일은 휴무이며, 평일은 오후 1시부터 5시까지, 주말은 오전 10시부터 오후 6시까지 운영한다. 선녀바위 둘레길(문화탐방로)은 을왕리해수욕장과 선녀바위해수욕장을 잇는 걷기길이다. 영종도에서 가장 아름다운 해변 두 곳을 연결한 코스다. 해안선을 따라 데크길을 조성해 초보자나 어린이와 함께 하기에 제격이다. 3km이며 1~2시간 정도 걸린다.

색다른 명소

① **하늘정원:** 인천공항 비행기가 이착륙하는 모습을 바로 아래에서 볼 수 있는 기념사진 명소. 봄에는 유채꽃 만발하고 가을에는 코스모스가 피는 영종도의 숨은 명소. 초대형 꽃등고래 조형물도 인기 있다. 부근 주차장은 시기에 따라 개방 유무가 다르므로 주의해야 한다.

② **BMW 드라이빙센터:** 미니쿠퍼와 오토바이를 비롯해 BMW의 모든 차량의 운전석에 앉아볼 수 있으며, 전용 서킷에서 특정 차량을 운전하는 것도 가능하다. 다만 이용료를 내고 홈페이지에서 예약해야 한다. 쇼룸 내에 카페를 운영한다.

맛집 & 숙소 영종도는 식당과 숙소가 많다. 식당은 넓게 보면 세 곳에 집중해 있다. 을왕리해수욕장 부근, 운서역 부근, 구읍뱃터 부근. 대도시와 마찬가지라 해산물을 비롯한 다양한 음식을 맛볼 수 있다. 섬 동쪽 끝 구읍뱃터는 월미도와 영종도를 잇는 배편이 오간다. 이곳 건물 1층 어시장에서 해산물을 골라 윗층 식당에서 먹을 수 있는 빌딩형 어시장이 두 곳 있다. 가게 앞에 해산물 사진과 가격을 명시한 곳이 합리적인 선택이 가능하다. 영종도에는 호텔과 모텔이 상당히 많다. 숙박 앱을 이용하면 합리적인 예약이 가능하다.

17 영흥도 靈興島

국사봉 156m (인천 옹진군 영흥면)
배편 선재대교와 영흥대교 있어 대부도에서
　　　차량 통해 가능
주의 사항 측도와 목섬안 간조시에만 통행
　　　가능. 고립 주의
매력 바닷길 열리는 선재도와 시처럼 여백
　　　많은 해변들
추천 일정 당일
산행 난이도 ★☆☆☆☆
(으슥한 야산 같은 산길이지만 훌륭한 정상
데크 타워)

영흥대교로 입도

●┄┄┄┄┄┄┄┄┄┄┄┄┄┄┄┄┄┄┄┄┄┄┄┄●
선재도　　　　　(대부도 시화방조제 정체　　　　영흥도
　　　　　　　심해 일찍 나서야)

고려의 마지막 왕족이 살았던 섬

섬 이름으로 남은 사내가 있다. 그는 고려의 마지막 왕족이었다. 익령군 '왕기'는 고려가 망조로 들어선 정세를 읽고 배를 타고 이곳으로 이주했다. 왜구 약탈로 버려진 섬에 정착해 땅을 개간하고 짐승을 기르고 고기를 잡았다. 누렸던 모든 걸 버리고 외딴 섬의 목동으로 살았다. 왕씨 성을 숨긴 사내가 섬에 정착하고 3년 후 고려가 망했다. 대부분의 왕족은 거제도 앞바다에 수장되어 몰살당했으나 그는 살아남았다. 이후 익령군翼靈君의 '령靈'과 '일으킬 흥興'을 써 영흥도라 부르게 되었다. 왕씨에서 옥씨와 전씨로 성을 바꾸고 말을 키우는 목동이 되어 일가를 살린 것.

조선의 실학자 이중환의 〈택리지〉에도 이 기록이 남아 있다. 흥미로운 것은 조선의 어느 관원이 영흥도에서 익령군이 살았던 집의 문을 열어보려 하자 목동 남녀가 나타나 "이 문을 열면 그 자손이 죽습니다. 그런 연유로 이 문을 열지 못하게 한 지 300년이 되었습니다"라며 애걸하여 그만두었다고 한다.

영흥초교에서 곧장 산으로 들다

육지가 된 섬으로 간다. 대학산악부 재학생인 최동혁 · 이재경씨가 함께한다. 대부도까지는 도시였는데, 선재도에 들자 섬이다. 시선을 움켜쥔 건 작은 무인도인 목섬. 쪽쪽이를 입에 문 아기마냥 섬이 귀엽다. 흔히 '모세의 기적'이라 불리는 썰물에 걸어갈 수 있지만, 지금 길은 바다 아래 있다.
영흥대교를 지나 곧장 산으로 향한다. 막강한 햇살이 작열하는 영흥도, 바다가 아닌 산을 찾은 이는 우리뿐이다. 영흥초등학교에서 곧장 능선으로 치고 오른다. 아무런 이정표가 없어도 숲 향기를 따라 수풀 속으로 사라지는 남녀. 치렁치렁 쏟아지던 햇살도 100m대 산 그늘을 뚫지 못한다.

지친 몸을 다독이는 숲

사람이 꽤 오지 않은 듯 수풀에 덮인 산길이 유적처럼 드러난다. 약간 당황스러웠던 산길 찾기도, 어둠에 익숙해진 시력마냥 선명해진다. 산이 낮다 하여 꽃향기도 옅지는 않다. 차량 소음을 지우더니 마음까지 차분히 가라앉히는 낮은 숲, 의외로

아늑하다. 햇살을 머금고 살랑살랑 일렁이는 초록 천장이 싱그럽다. 고즈넉한 산길을 따라가자, 온갖 자극으로 부어 있던 마음이 가라앉는다. 경계 태세의 곤두선 정신을 슬며시 어루만지는 완만한 산길. 능선에 닿자 선명한 산길과 이정표가 있다. 소나무, 소사나무, 갈참나무가 늘어서 있고, 맑은 새소리가 들리는 평범한 숲. 바다 한 줌 보이지 않아도 심심하지 않은, 기왕이면 길게 이어졌으면 하는 희망이 드는 긴장감 없는 낮은 능선이다. 부드러운 오르내림이 몸을 다독이니, 쌓인 피로가 가루가 되어 부서진다.

거대한 로봇 같은 정상 데크

차가 다니지 않는 고개의 도로를 지나 국사봉 정상으로 간다. 바위 한 점 없는 푸근한 육산을 걷는 일이 완행열차로 여행하는 것만 같다. 느리게 지나가는 비슷비슷한 초록들, 식생의 균형이 충실하게 잡힌 숲의 편안함. 어렵지 않은 오르막을 쭉 올라서자, 3층짜리 데크 전망대가 있다. 거대한 로봇처럼 숲을 뚫고 솟았다.

전망대를 둘러싼 나무는, 그냥 나무가 아니다. 상투 틀 듯 굽이굽이 가지를 감아 올린 소사나무의

기묘한 향연. 세월을 짜내어 가지를 뻗었다. 어딘가 신비로운 구석이 있는 늙은 소사나무는 낮엔 태양과 정을 맺고, 밤엔 우주와 소통할 것만 같다. 영흥도는 예부터 바닷바람이 심해 농사를 짓는 족족 해풍을 입었다고 한다. 피해를 막고자 소나무를 비롯해 여러 종류의 나무를 심었으나 모두 죽고, 살아남은 소사나무가 번성해 지금까지 왔다.

익령군의 영혼이 흥하는 섬

보통 경치가 없는 육산 정상은 나무를 일부러 베어 시야를 트이게 하는 일이 많은데, 소사나무를 살리고자 만든 전망데크인 것. 계단을 올라 꼭대기에 서자 처음으로 서해바다가 눈인사를 한다. 안내판에는 '고려 왕족 익령군이 이곳에 올라 나라를 걱정하였다고 하여 국사봉國思峰이라 이름 지어졌다'는 유래가 전한다. 익령군의 섬 살이는 어땠을까. 왕족이면 행복하고, 목동이면 불행했을까. 명석하고 과감했던 그에게 이곳은 진정 자유로운 '영혼이 흥하는 섬'은 아니었을까.

하산은 장경리해수욕장이다. 영흥도에서 가장 큰 해변으로 곧장 내려가 바다 구경을 할 생각에 걸음이 빨라진다. 하산 길목의 통일사는 6.25 당시 전사한 남편의 넋을 기리기 위해 비구니가 된 아내가 세운 절이다. 스님의 남편 서씨는 1951년 1.4 후퇴 당시 서부전선에서 1개 소대 병력으로 중공군 대부대와 싸우다 소대원이 모두 전사하자, 자결했다고 한다.

"골골골" 노래하는 귀여운 해변

시원한 콩국수로 요기를 하고, 십리포해수욕장으로 간다. 한 여름 땡볕 도로를 걸을 순 없으니 차로 이동한다. 영흥도 선착장에서 10리 떨어진 곳의 해변이라 이름이 유래하는 십리포는 600m로 아담하지만 방풍숲과 아기자기한 해변이 조화롭다. 십리포는 소사나무가 명물이다. 150년 이상 된 소사나무 노거수가 주위를 에워싸고 있다.

소사나무를 찾아 해변 끝 데크길로 접어든다.
데크길 입구부터 노거수 소사나무가 신령스런
관록을 드러낸다. 짜디짠 바람을 숱하게 삼켰을
나무의 굳은 심지가 푸른 잎사귀에 깃들어 있다.
해안가를 싸고도는 데크길 위로 소사나무가 손을
내민다. 바다와 나무를 동시에 즐기는 데크길 끝에
흰 조개해변이 깜짝 쇼처럼 나타난다. 몰디브마냥
투명한 물과 순수한 흰 조개로 덮인 해변은
영흥도가 숨겨둔 히든카드다. 파도가 지나갈 때마다
"골골골"하고 조개해변이 귀여운 소리를 낸다.
데크 길 끝까지 온 사람에게만 주어지는 비밀스런
선물이다.
계단을 따라 오르자, 소나무가 있는 너른 전망대다.
멀리 인천 송도와 영종도, 무의도까지 아스라이
펼쳐진다. 해무에 반쯤 몸을 숨긴 무의도는 먼
바다로 흘러가는 것만 같다. 다시 십리포로
돌아간다. 노을이 없어도 영흥도의 저녁은 감미롭다.
피어오르는 불빛과 바다의 원초적인 여백이 잊기
어려운 풍경을 평범히 그려낸다.

'모세의 기적' 측도와 목섬

다음날 아침. 영흥도를 차로 굽이굽이 둘러보고
선재도로 향했다. 선재도는 영흥도와 대부도를 잇는
다리 역할만 하는 것이 아니었다. 바다가 갈라지고
길이 생기는 섬을 2개나 가지고 있었다. 측도와
목섬이다. 측도는 사람이 사는 섬이라 이채로웠다.
마침 길이 바닷길이 열려 있다. 길이라기보다는
바다에 잠겼다 드러나는 자갈더미였다. 그
위를 차량이 가끔 지나고 있었다. 예상치 못한
독특한 풍경. 울퉁불퉁한 바닷길로 차를 몰았다.
덜그럭거리는 길로 매일 이별했다가 만나는 일상.
측도에 숙소를 잡아 며칠간 열렸다 닫히는 바다만
보고 있어도 지루하지 않겠다.
바닷길이 열리고 닫히길 반복하는 또 다른 곳.
목섬으로 갔다. 신기루처럼 땅이 이어져 있었다. 너무
뜨거운 햇살 때문인지 아무도 없다. 남자와 여자가
겁도 없이 폭염을 헤쳐 섬으로 걸어간다. 햇살이 너무
밝아서인지 빛 속으로 사라지는 것만 같다. 밀물이
빠르게 들어온다. 지금 나오지 않으면 고립될 터.

테마별 길라잡이

모래 해변 아름다운 명섬, 장경리해수욕장

가는 길: 영흥대교 지나 영흥면사무소를 지나 6km 가면 닿는다

모래해변 길이: 1km **조수 간만 차이:** 심함. 드넓은 갯벌.

화장실 유무: 있음 **편의점 및 식당 유무:** 여럿 있음.

야영장: 연중 마을에서 야영장을 운영한다. 전기 사용 가능하며, 사이트를 배정 받아야 한다. 1박 3~4만원이며, 인터넷에서 예약 가능하다.

매력: 썰물에 갯벌 체험, 밀물에 낮은 수심 물장구, 가족 여행 제격

추가 정보: 영흥도에서 가장 큰 해수욕장, 편의 시설이 많고 휴가철 제외하고 주차 수월.

모래 해변 아름다운 명섬, 십리포해수욕장

가는 길: 영흥대교에서 동쪽 해안선 길로 4km 가면 닿는다.

모래해변 길이: 600m **조수 간만 차이:** 심함. 드넓은 갯벌.

화장실 유무: 있음 **편의점 및 식당 유무:** 여럿 있음.

야영장: 연중 마을에서 야영장을 운영한다. 전기 사용 가능하며, 사이트를 배정 받아야 한다. 1박 3~4만원이며, 인터넷에서 예약 가능하다.

매력: 갯벌 체험과 낮은 수심 물장구, 데크길 끝에 숨은 흰 조개 해변.

추가 정보: 해변 끝의 데크길 따라 가면 휴양지 몰디브로 착각할 만한 흰 조개 해변(3초 몰디브) 있어, 해변 끝 카페에서 바다 경치 즐기며 무심히 음료 마시는 것도 추천.

차로 갈 수 있는 명섬, 영흥도

가는 방법: 시화방조제를 지나 대부도와 선재도를 거쳐 영흥대교로 진입. **주차장:** 장경리해수욕장 · 십리포해수욕장 공영주차장(30분당 1,000원).

대중교통 이용: 4호선 오이도역에서 790번 버스를 타면 영흥도 초입의 영흥버스터미널에 닿는다. 여기서 십리포해수욕장과 장경리해수욕장을 거쳐 영흥버스터미널로 돌아오는 버스가 45분에서 1시간 간격으로 운행한다.

당일치기 여행 명섬, 영흥도

영흥도 여행에서 볼 만한 것은 선재도 목섬 · 측도, 장경리해수욕장, 십리포해수욕장이다. 목섬과 측도는 썰물에 가야 그 매력을 제대로 알 수 있다. 하루에 두 번 열리며, 물 때 시간 참고 사이트를 활용하면 편리하다. badatime.com/378.html 장경리해변은 모래사장 길이가 1km이며, 십리포는 600m이다. 장경리해변이 더 크지만 방풍숲이 해변 뒤에 완만하게 자리하고 있는 십리포가 더 여유로운 분위기다. 장경리해변은 모래사장 뒤로 곧장 도로와 지대가 높은 방풍숲이 있으며, 숲은 출입이 금지되어 있다. 영흥도는 외길이라 휴가철엔 차량 정체가 심하다. 아침 일찍 출발해 밤늦게 나오거나, 오후 2시 이전에 나오는 것이 쾌적하다.

국사봉 산행 정보 섬 내에 걷는길이 있으나, 일부 구간을 제외하고 길이 묵었거나 땡볕 찻길이라 권하기 어렵다. 영흥초등학교 기점은 어렵지는 않지만, 사람이 다니지 않아 들머리가 찾기가 조금 어렵다. 능선에만 올라서면 길찾기 쉽다. 영흥종합운동장에서 주능선으로 올라오는 코스가 좀 더 산길이 선명하다. 정상에는 3층 구조의 전망데크가 있어 경치가 시원하다. 하산은 통일사를 거쳐 장경리해수욕장으로 내려서는 것이 일반적이다. 일부 도로 구간을 넣으면 장경리해수욕장과 국사봉 정상을 거쳐 십리포해수욕장을 연결하는 산행도 가능하다. 영흥초교에서 장경리해수욕장까지 5km이며 2시간 정도 걸린다.

맛집 & 숙소 영흥도는 SNS 사진 명소로 꼽히는 경치 좋은 카페가 많다. 하이바다카페는 십리포해변의 바다 경치 맛집으로 꼽힌다. 다양한 빵과 동남아 해변 분위기의 파라솔이 명물이다. 선재도 목섬 부근의 뻘다방은 몰디브 분위기로 조성한 카페로 칵테일 모히토가 명물이다. 선재대교 아래 수협건물 2층의 쌍곰다방은 복고풍 옛날 다방 분위기로 팥빙수와 점보미숫가루, 비엔나커피가 인기 있다. 장경리칼국수는 현지인이 즐겨 찾는 가성비 맛집, 바지락손칼국수, 콩국수가 별미다. 면은 방부제 없이 손으로 직접 밀가루를 반죽해 썰었다. 중앙정육점식당은 등갈비와 삼겹살, 숯불갈비다림방은 양념소갈비와 돼지갈비가 대표메뉴로 두 곳 모두 기본 이상 맛을 낸다. 영흥도는 캠핑장과 모텔이 많다. 숙박 앱과 인터넷을 이용하면 합리적인 예약이 가능하다.

영흥도 등산지도

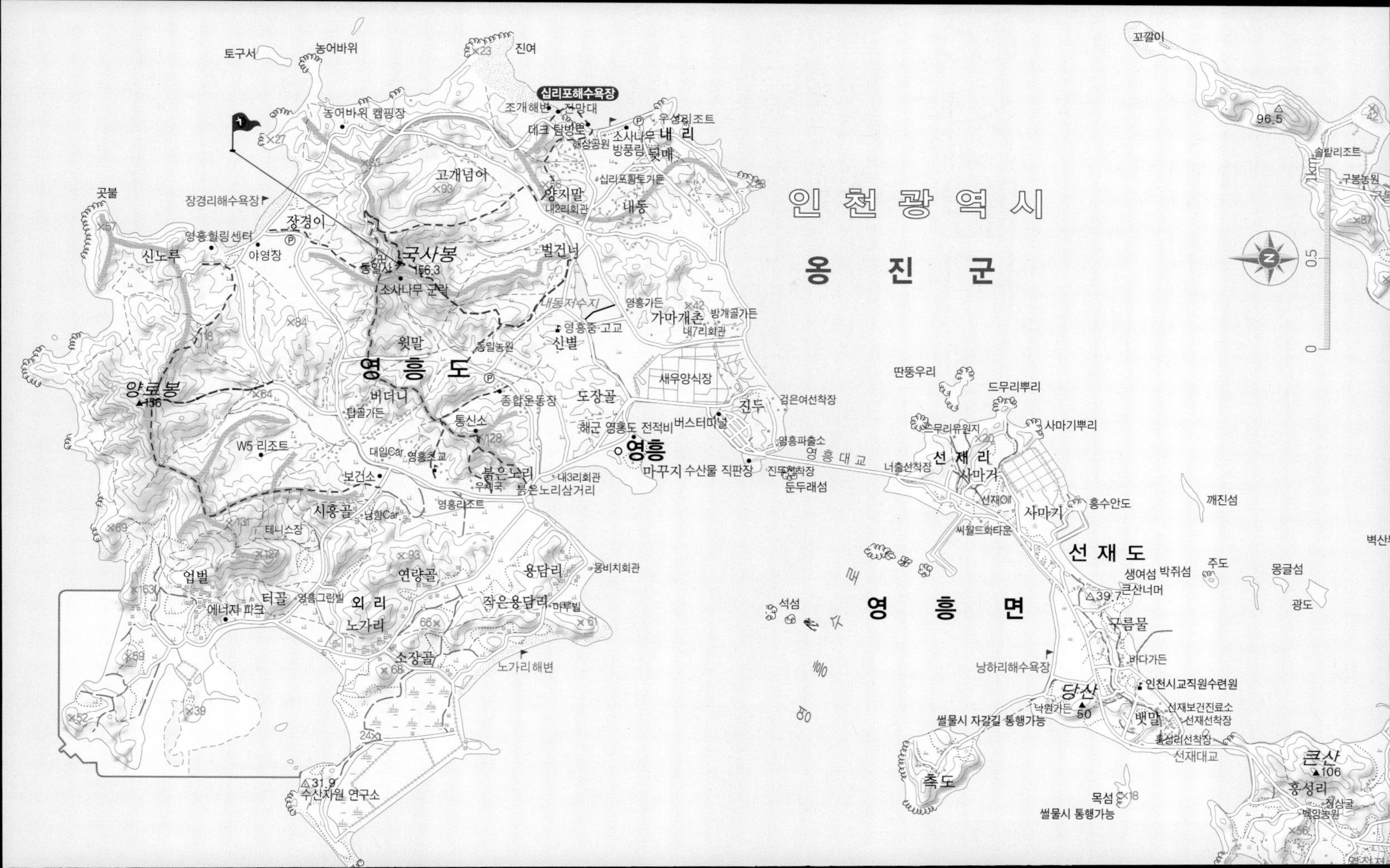

인 천 광 역 시

옹 진 군

영 흥 면

선 재 도

선재대교

영흥대교

국사봉 ▲106

△39 군관산대

N

0   0.5   1km

18 자월도 紫月島

국사봉 167m (인천 옹진군 자월면)
배편 인천항 연안여객터미널→ 자월도
주의 사항 해변 백패킹시 고성방가 주의, 마을
　　　　　　인접해 있어
매력 마트와 화장실 있고, 중국음식 배달되고,
　　　바다까지, 더 이상 무얼 바랄까
추천 일정 1박 2일
산행 난이도 ★☆☆☆☆
(여름에는 수풀 짙어 길찾기 주의해야)

30km

인천항 연안여객터미널　　　50분(배편에 따라 1시간 20분　　　자월도
　　　　　　　　　　　　소요 되기도 해) 소요

자줏빛 달이 뜨는 섬

조선 인조 때, 관아에서 일하던 이가 자월도로
귀양을 왔다. 귀양 첫날 밤, 도통 잠이 오지 않아
나간 해변에서 보름달을 보았고, 억울함을 호소했다.
그러자 달이 자줏빛으로 변하며 거센 바람이
몰아쳤다. 그는 하늘도 자신의 억울함을 알아준다며
'자월도紫月島'라 이름 지었다고 한다.
인천항에서 배에 오른다. 일상과의 이별, 하룻밤
모든 관계와의 작별이다. 이별은 휴식이 되기도
한다. 50분의 짧은 항해를 마치고 김민선, 최동혁,
김정배씨와 함께 섬에 든다.
자월도에 내리자 관광안내소가 눈에 띈다. 간이
사무실을 지키는 어르신께 국사봉 산행 코스를
묻자, 시계 방향으로 섬을 돌며 둘러볼 명소를
읊기 시작했다. 구구절절 이어지는 설명을 끊을까
고민했으나, 기계적인 설명이 아니었기에 차마 그럴
수 없었다. 묵은 세월의 진심이 담긴 목소리를 듣고
있노라면 이곳 자월도엔 풍경 그 이상의 무언가가
있을 것만 같았다.

낮으나 쉽지 않은 산행

곧장 섬 최고봉인 국사봉으로 향했다. 선착장의
'국사봉' 이정표는 참을 수 없다. 산꾼들은 섬에서도
산행 습관을 끊지 못한다. 정상으로 이어진
이정표만큼 명쾌한 길잡이는 없다. 해발 0m에서의
제대로 된 출발은 시작부터 난처하다. 임도를 따라
이어지더니 도로로 연결된다. 수수께끼 같던 산입구
찾기는 마을 주민께 묻자 금방 해결되었다. 임도를
가리키며 국사봉 방향을 알려준다.
여름답게 풀과 넝쿨이 등산로를 뒤덮었다. 생채기 몇
개를 보고 나서야 통행을 허락한다. 밤나무, 소사나무,
굴참나무, 자귀나무, 소나무, 팥배나무, 벚나무,
고로쇠나무를 헤아리며 눈인사를 한다. 숲을 치고
오른다. 넝쿨이 많지만 가시가 짧아 스틱을 활용하면
어렵지 않다. 공격적이기보다는 최소한의 자기
보호를 위한 방어에 가까운 초본 식물. 한 해 살이
풀이라 하여 아무렇게나 막 살지 않는다. 하루살이라
하여 하루를 흥청망청 살지는 않는다. 나무도 풀도
곤충도 최선을 다해 살고 있음을 산행을 통해 배운다.

봉화대가 있는 위성봉

임도 벤치에서 물을 들이킨다. 쨍한 햇살만큼
파란 하늘, 흥건히 땀 빼기에 제격이다. 국사봉을
휘감아 도는 임도를 가로질러 곧장 산길로 들어서서
정상으로 향한다. 짧은 오르막이 끝나는 곳에
이름 없는 봉우리가 있다. 터는 좁지만 봉화대로
쓰였을 법한 돌탑이 있고, 돌탑 가운데에 뿌리내린
소사나무가 주인 행세를 하고 있다.
가민 GPS로 확인한 이곳의 고도는 175m, 지도상
자월도 최고봉인 국사봉(167m)보다 높다. 높이로만
정상이 결정되지 않는 것은, 정상다운 봉우리의
기세를 보기 때문이다. 조망이 얼마나 좋은지, 터가
얼마나 넓은지 같은 봉우리다운 맛에 따라 정상이
되기도 한다.

속 시원해지는 경치의 정상

살짝 내려섰다가 얕은 오르막을 올라서면 "벌써
정상"이다. 선착장에서 1.8km 만에 닿았다.

신선의 왕궁인양 짙은 초록 넝쿨이 100여 평 정상
일대를 에워싸 호위하고 있다. 팔각정에 오르자
비로소 드러나는 바다. 산에선 바다가 그립고,
바다에선 산이 그립기 마련인데, 섬산은 그런
사람 심리를 다 알고 있다는 듯 절묘하게 경치를
내어준다. 서쪽으로는 덕적도가 헤엄치는 고래마냥
자연스럽게 뻗어 있고, 북쪽으로는 송도신도시가
첨단 도시의 위용을 깨알 같은 건물로 드러낸다.

산에서 "짜장면 시키신 분~!"

웃음이 나는 건 정자 기둥마다 붙여 놓은 '짜장짬뽕
032-833-3119' 스티커, 김민선씨가 호기심에
전화를 걸었는데 실제로 중국음식점에서 전화를
받는다. 국사봉 정상까지 배달은 안 되지만 300m
떨어진 임도 물탱크까지 배달 가능하다는 것. 산에서
짜장면 배달을 시켜 먹을 수 있다는 색다른 사실에
한바탕 즐겁게 웃는다.
정상 표지석에서 기념사진을 찍고 곧장 내리막길을
이어간다. 중국집에서 얘기했던 임도 물탱크를 지나
다시 산길을 고집해 짙은 숲 산등성이를 넘었다.
매미 떼가 마지막 힘을 짜내 사랑을 갈구하는
소리에서, 청춘 닮은 여름 한복판을 지나고 있음이
실감났다.
드문드문 핀 꽃이 말을 건네 온다. 숲의 무한
경쟁에서 참고 삼켜낸 것들 응어리로 꼭꼭
모아뒀다가 터뜨린 찬란한 고백이다. 원추리,
참나리, 달개비, 기생초, 꽃댕강나무의 구구절절한
고백에 평범한 숲길이 특별해진다.

"하니께 목섬은 꼭 봐야해"

마을로 내려와 숙소에 짐을 풀고 팽팽히 당겼던
등산화 끈을 풀어헤친다. 달디단 휴식을 취하고
다시 햇살 속으로 뛰어든다. 선착장 문화해설사
어르신께서 꼭 가야 한다고 권했던 하니깨(하니포)
목섬에 갔다. 자월도는 한 '일一'자처럼 길게

뻗었는데 산줄기가 일자로 뻗어 있다. 묘한 것은 고개 넘어 북사면으로 들면 외딴 오지 섬마냥 고요하고 인가가 드물었다.

꽃의 향연, 목섬

목섬 입구에서 대나무숲이 맞아 주는가 싶더니 배롱나무 꽃(백일홍)이 늘어서서 발갛게 홍조를 띠고 있었다. 원두막 같은 정자가 고개 위에 있고, 아래로 목섬이 보였다. 목섬 가는 길은 코스모스며 무궁화겹꽃 같은 꽃들로 화원을 만들어 놓았다. 잘 정돈된 화원이 아니어서 야생화밭인가 혼돈되었지만, 섬사람들의 거친 낭만이 풍겨온다. 바다 사이로 난 짧은 데크다리를 지나 목섬 위에 올라서니 작은 전망데크가 망망대해 쪽으로 나 있었다.

휴가철이지만 관광객은 없고, 섬은 어느 해 여름보다 조용하다. 바다 앞에 서니 고요함이 증폭되는 것만 같다. 안내판의 '달빛 고운 전통 농촌과 어촌 풍경이 어우러진 이곳 자월도에서 자연이 빚어낸 아름다움을 느껴보세요'라는 문구에서 이상하게 쓸쓸함이 묻어났다.

달맞이꽃 밝은 자월도 해변

섬 남쪽으로 넘어와 해안도로를 따라 서쪽으로 걸었다. 장골해수욕장과 큰말해수욕장이 전부인줄 알았는데, 눈망울이 맑은 섬소년 닮은 작은 모래해변이 3~4개 연달아 나타났다. 이윽고 넓은 장골해수욕장에서 자월의 달을 기다렸다. 아무도 없는 해변에는 폐장했다는 현수막만이 펄럭이고 나머지는 침묵하고 있었다.

땀에 젖은 몸을 해가 지는 방향으로 마주했다. 바람이 다가와 얼굴을 매만졌다. 바람이 사람 온기처럼 따뜻했다. 르네상스 시대의 몰락 같은 황홀한 노을을 기대했으나, 현실은 흑백 사진이었다. 밤이 되어도 자줏빛 달은 오지 않았다. 자줏빛 달이 뜨면 토로할 억울함이 있었던 것 같은데, 기억이 나질 않는다. 다만 부드러운 어조로 밀려오는 파도 소리가 좋았다. 밀물이라 하여 힘으로 밀어붙이는 건 아니었다. 어느 해보다도 조용했던 여름 해변을 달맞이꽃이 덩그러니 밝히고 있었다.

모래 해변 아름다운 명섬, 장골해수욕장

가는 길: 선착장에서 도로 따라 1km.

모래해변 길이: 700m **조수 간만 차이:** 심함

화장실 유무: 있음

편의점 및 식당 유무: 하나로마트와 식당이 여럿 있다.
중국음식 배달과 포장 가능.

야영장: 야영데크는 없으나 소나무숲이나 목재 그늘막
아래에서 야영하는 것이 일반적. 휴가철이 아니면 별도의
야영료는 없다. 최근 인기가 급상승하여 주말이면 많은
백패커들이 찾는다.

매력: 모래가 곱고, 수심이 얕고 깨끗하며, 도로 곁에 있고,
편의시설 있고, 선착장이 가깝다.

백패킹 명섬, 자월도

인기 야영터: 장골해수욕장에서

가는 길: 선착장에서 왼쪽(서쪽)으로 도로 따라 1km 가면
닿는다.

주의 사항: 장골해수욕장에 야영객이 많을 경우 700m 더
가서 장골해수욕장에서 야영하는 방법이 있다. 선착장에서
동쪽 갑진모래 방면 해변에도 화장실이 있어 야영이
쾌적하다. 큰마을 방면 900m 거리에 하나로마트가 있고,
장골해변 부근에 식당이 있어 가볍게 찾아도 든든한 야영
가능하다.

이용료: 없음.

매력: 50분의 길지 않은 운항으로 먼 섬에 온 듯한 낭만
즐길 수 있어, 벚꽃 필 때 오면 낭만은 절정에 이른다.

1박 2일 여행 명섬 자월도

추천 일정 1일차: 장골해수욕장 텐트 설치, 국사봉 정상,
목섬, 식당 식사.

추천 일정 2일차: 큰말해수욕장 자월달빛천문공원, 식당

식사, 선착장

일정 해설: 하나로마트와 식당을 활용한 가벼운 백패킹
가능하다. 첫날에 부지런히 걸어 국사봉 정상에 올랐다가
명소인 목섬을 구경하고 마을길을 넘어 갑진모래해변을
거쳐 장골해변으로 돌아온다. 둘째 날 반대 방향인
큰말해수욕장을 거쳐 능선 위에 자리한
자월달빛천문공원(2025년 완공 예정)에서 경치를 즐기고,
선착장으로 돌아간다.

하나로마트: 큰마을에 하나로마트가 있다. 오전 9시부터
오후 5시까지 영업하며, 토요일은 오후 1시까지(11월부터
2월까지)만 영업한다. 일요일은 문을 닫는다.

국사봉 산행 자월도를 순회하는 달맞이길이 6코스까지
있다. 도로와 임도, 산길이 섞여 있다. 오르내림이 있어
쉽게 생각하면 어려울 수 있다. 여름에는 풀이 높아 진행이
쉽지 않은 구간도 있다. 선착장 부근 마을에서 국사봉으로
오르는 등산로가 있다. 정상은 정자가 있어 경치가
시원하다. BAC 인증지점이다. 능선을 따라 더 진행하면 물
탱크를 지나 임도에 닿는다. 여기서 마을로 하산하는 것이
깔끔하다. 더 진행하는 것도 좋지만 달빛천문공원 전까지
경치가 열린 곳이 없다. 선착장에서 국사봉 정상까지
1.8km이며 50분 정도 걸린다. 정상에서 능선따라 1km를
더 가면 가믐골 갈림길이 있다. 가믐골과 임도를 따라
마을로 하산한다.

맛집 & 숙박(지역번호 032) 짜장면과 탕수육 맛집
옛날짜장(833–3119)은 배달과 포장 가능하다. 이외에도
생선구이백반과 활어회덮밥이 별미인 장골식당(831–
3785), 행복이네식당(833–0657) 등이 있다. 섬내 식당은
대부분 회를 비롯한 해산물 요리를 낸다. 섬 곳곳에 숙소가
많다. 예약을 하면 선착장까지 픽업을 나온다.

배편 고려고속훼리와 대부해운에서 각각 배편이
운항한다. 인천항 연안여객터미널을 출발해
자월도~소이작도~ 대이작도~승봉도–자월도를 거쳐서
인천으로 돌아온다. 하루 2회 운항하며 여객선에 따라
50분 또는 1시간 20분 가량 걸린다.
요일별, 월별로 배 시간과 운항 횟수는 바뀔 수 있으므로
예약시 확인해야 한다.

인 천 광 역 시

옹 진 군

자 월 면

0   0.5   1km

19 장봉도 長峰島

국사봉 150m (인천 옹진군 영흥면)
배편 영종도 삼목여객터미널 → 장봉도
주의 사항 길 '장툱'을 쓴다. 산이 길다. 배
시간 주의할 것.
매력 노을이 예쁜 해수욕장들과 긴 능선,
장봉편암의 신비까지
추천 일정 1박 2일
산행 난이도 ★★☆☆☆
(산행 쉽지만 걸어서 지구력 필요. 길찾기
주의할 것)

8km

영종도 삼목여객터미널　　　　40분 소요　　　　장봉도

12억 년 전, 장봉편암을 찾아서

12억 년, 영겁의 세월을 찾아 왔다. 장봉도에서 처음 발견되어 '장봉편암'이라 명명된 바위를 보러 왔다. 사람의 손길이 닿지 않고도 이토록 섬세한 모양이 가능할까 의문이 드는 물결 바위였다. 자를 대고 줄을 그은 듯, 얇은 바위 층을 겹겹이 쌓은 듯 독특했다.

12억 년 전, 지각 변동으로 바다에 들어간 암석이 열과 압력을 받아서 모양이 변했다. 물결 무늬처럼 휘어진 습곡褶曲이 되었고, 긴 세월 파도와 바람을 받아내어 약한 암석은 깎이고, 강한 성분은 덜 깎이는 차별 침식으로, 독특한 모양이 되었다. 산꾼 방식대로 장봉도 최고봉인 국사봉 정상을 거쳐 능선을 타고 가서, 썰물이 되었을 때 해안선의 장봉편암을 찾기로 했다. 여름 여행객으로 붐볐을 배 안은 허전함이 감돈다. 씩씩하게 배낭을 메고 내리는 남녀는 윤소영, 김태욱씨다. 히말라야 임자체(6,189m)를 등정한 고산등반 커플이다.

인어가 가져온 풍요

한 무리의 등산객이 인어동상에서 기념사진을 찍는다. 동상 위에 올라가 특정 부위를 만지고 어깨동무를 하자, 지나던 어르신이 버럭 한다. 옛날 장봉도에 최씨 어부가 살았다. 어느 때부터인가 물고기가 잡히지 않아 살림살이가 어려운 지경에 이르렀다. 그러던 어느 날 그물을 끌어올리는데, 상반신은 아름다운 여인이고 하반신은 물고기인 인어가 잡혔다. 어부는 눈물 흘리는 인어를 바다로 돌려보내 주었다. 그날 이후 그물을 던질 때마다 물고기가 가득 올라왔고, 최씨는 인어가 은혜를 갚았다고 여겼다.

국내 인어 전설은 거문도와 장봉도에서만 전하며 조선시대 정약전이 쓴 어류백과격의 〈자산어보〉에도 기록이 실려 있다. 거문도 전설에선 인어가 나타나 돌을 던지거나 소리를 내면 풍랑이 올 것을 미리 알려 주는 것으로 여겨, 일종의 수호신으로 여겼다. 이렇듯 매혹적인 외모에 대한 묘사며, 풍랑을 알려

주는 것이나, 풍어를 가져다 주는 것까지 동서양에 전하는 인어 이야기는 묘하게 닮아 있다. 인어 덕분인지, 장봉도는 조선시대 3대 어장에 꼽힐 만큼 고기가 많이 잡혔으며, 20년 전까지 새우 잡이의 메카였다고 한다.

어르신 마음이 조금은 헤아려진다. 단순히 관광객 볼거리로 만든 동상이 아니라, 섬의 내력이 깃든 형상인 것. 장봉도는 길 장長에 봉우리 봉峰을 쓴다. 말 그대로 섬이 길쭉하고, 봉우리들이 솟아 유래한다. 100m대의 낮은 능선이 길게 뻗었는데 BAC 인증지점은 최고봉인 국사봉(150m)이다. 도로가 있는 말문고개에서 곧장 산길로 든다.

물결처럼 출렁이는 장봉도 능선

숲으로 들자 소사나무의 앙증맞은 잎들이 촘촘히 그늘을 내어준다. 몸이 풀릴 만하자 국사봉 정상이다. 낮은 정상이라도, 반갑다. 쉼터로 제격인 팔각정이 있어 풍경에 간식을 곁들이기 제격이다. 좁은 바다 건너 쉼 없이 비행기가 날아오른다. 어느 나라로 가는지, 어떤 사연을 가진 여행자들인지 잠깐 궁금했으나 남은 산길이 잡념을 삼킨다.

능선에 몸을 싣고 물결처럼 장봉도를 걷는다. 화려한 바위도, 예쁜 꽃도 없는 평범한 숲길이지만, 걸을수록 몸과 마음이 정화된다. 흘러내린 땀방울에 놓지 못했던 집착과 불안이 담겨 있어 비릿한 냄새가 나는 것이라, 이 산행이 끝나면 더 자유로워지고 성숙해질 것이라 믿으며 걷는다.

있으면서 없는 경지에 이르다

쉽지만 쉽지 않다. 오르내림이 크지 않아 속도를 낼 수 있으나, 끝이 없다. 다 왔나 하고 스마트폰을 보면, 서쪽 끄트머리는 아직 멀었다. 150m 높이라고 얕본 것이다. 봉수대가 있는 봉우리에서 모처럼 경치가 터진다. 남쪽으로 드러난 모래섬들. 썰물 때만 드러나는 바다 위 사막 '풀등'이다. 풀이 자라는 것도 아니지만 썰물 때 드러나는 사막 같은 모래섬을 서해사람들은 풀등이라 부른다.

섬도 바다도 아닌, 있으면서 없는 공문空門의 경지에 이른 이름 없는 풀등이 곳곳에서 떠오른다. 텐트 치고 가만히 앉아 풀등이 물에 잠겼다 떠올랐다 하는 것만 보고 있어도 인생이 금방 지나갈 것 같았다.

동굴 속에서 본 동만도 · 서만도

서쪽 끝 가막머리전망대는 뙤약볕이 지배하고 있었다. 백패킹 명소지만 한낮의 전망데크에는 아무도 없다. 장봉편암을 찾아가는 여행은 이제 시작이다. 해안선 비탈을 따라 이어진 걷기길인 갯티길이 있으나 해변으로 내려갔다. 예상대로 썰물이 절정을 이룬 시간이었다.

정해진 길이 없는 바위 더미를 걷는다. 한 발 한 발 디딜 곳을 정해야 한다. 바다가 잠시 떠나간 사이 동굴을 찾았다. 깊지 않은 동굴이지만 강렬한 햇살을 피해 한숨 돌리기에 안성맞춤이다. 동굴 안에서 본 바다는 둥근 액자 안에 쏙 들어온 것이, 작품이다. 자연이 만든 액자에는 무인도인 동만도 · 서만도가 덩그러니 놓여있다.

12억 년 습곡의 습격

해안선을 한 굽이 돌아설 때마다 실망했다. 장봉편암은 없고, 곤혹스런 갯벌이 갈수록 넓어졌다. 단단한 흙이라 생각하고 밟았는데 늪처럼 발이 푹 빠진다. 징검다리 넘듯 폴짝 뛰며 바위만 밟아 걷는다. 간혹 흔들리는 바위를 밟을 때면 춤추듯 휘청이며 균형을 잡았다. 무더위는 예상치 못한 복병이라, 두 사람은 연신 땀을 닦는다.

기대 없이 해안선 모퉁이를 돌아서려 바위에 올라섰을 때, 습곡褶曲의 습격이다. 켜켜이 쌓인 바다의 말. 얼마나 간절했으면 12억 년간 바위에 진심을 새겼을까. 바위에 새겨진 12억 년의 그리움이다. 눈부신 바다와 찰랑이는 파도. 아무도 없는 바위 해변을 감탄하며 걷는다. 손으로 어루만지고 찰나가 아까워 폰으로 영상을 찍었다.

깔끔한 소멸이 있는 건어장해변

억겁의 세월을 감히 이해할 수 있으랴. 암호 같기도 하면서 일관된 선으로 남긴 습곡은 경이롭다. 수 만 번, 수십 억 번, 그 이상 갈망하고 소멸했을 바다의 마음. 감히 짐작할 수 없다. 상상 밖에 있는 바다와 돌의 시간 위를 지난다. 어느새 바다가 편암 곁으로 다가온다. 윤옥골(유노골)에서 해변을 떠나 몇 채의 집이 있는 곳에서 임도로 올라선다. 건어장해변까지 해안 걷기길을 따라 산길로 간다. 대부분의 사람들은 윤옥골에서 걷기를 마치고 임도를 따라 나가는 탓에 산길은 인적이 드물어 풀이 높다. 의외로 가파르다. 남은 체력을 쏟아 붓기에 제격이다. 해변에서 멋진 노을을 담고 싶었으나 산길에서 해가 저문다. 낮다 하여 만만히 볼 수 없는 장봉도임을 실감하며, 계단을 내려서자 건어장해변이다.

바다 끝으로 사그라지는 노을을 곁에 두고, 건어장해변을 걷는다. 자갈해변이라 디딜 때마다 자박 자박 소리가 나는, 개구쟁이 같은 해변. 노을이 저무는 소리가 날 턱이 없는데, "골골골" 하는 소리가 났다. 자갈 틈으로 물결이 찼다가 빠지는 소리다. 저토록 뒤끝 없는 소멸이 있을까. 완벽한 어둠으로 끝맺는 장봉도의 저녁이 부러웠다.

테마별 길라잡이

모래 해변 아름다운 명섬, 옹암해수욕장

가는 길: 선착장에서 도로 따라 1km.

모래해변 길이: 1km

조수 간만 차이: 심함

화장실 유무: 있음

편의점 및 식당 유무: 편의점과 식당 주차장 있음.

대중교통: 섬내 마을버스 운행. 선착장에서 걸어와도 20분이면 도착

야영장: 해변 노지 1만 5,000원, 데크 5만원(샤워비 포함), 전기 사용 1일 1만원.

매력: 선착장에서 가까우면서도 장쾌한 서해 바다에 편의 시설까지.

모래 해변 아름다운 명섬, 한들해수욕장

가는 길: 선착장에서 도로 따라 4km.

모래해변 길이: 500m

조수 간만 차이: 심함

화장실 유무: 있음

편의점 및 식당 유무: 슈퍼에서 캠핑장 운영. 식당 가까운 곳이 500m 거리.

대중교통: 선착장에서 마을버스로 5분.

야영장: 소나무숲 1만원(한들슈퍼에 1만원 내고 텐트 설치).

매력: 소박하고 은밀한 해변이지만 드넓은 바다.

당일 여행 명섬, 장봉도

추천 일정1: 선착장에서 산행

시작~국사봉~봉수대~가막머리

전망대~장봉편암~버스 종점~선착장. 선착장부터 능선에 올라 서쪽 끝까지 종주한 후 간조에 맞춰 해안선을 따라 걸어 장봉편암을 보고, 임도를 걸어 버스 종점에서 버스를 타고 선착장으로 돌아온다. 14km 6시간 소요.

추천 일정2: 선착장에서 버스를 타고 말문고개에서 하차. 산행을 시작하여 국사봉을 거쳐 가막머리 전망대와 갯티길을 따라 버스 회차지점으로 돌아온다.

추천 일정3: 버스를 타고 회차 지점에서 하차. 갯티길을 따라 가막머리 전망대까지 가서 해안선을 따라 돌아와 장봉편암을 보고, 버스 회차 지점에서 선착장으로 간다.

1박 2일 여행 명섬, 자가용 여행

추천 일정 1일차: 옹암해수욕장, 한들해수욕장, 야달선착장, 건어장해변, 옹암해변 야영.

추천 일정 2일차: 건어장해변 카페, 말문고개 국사봉 다녀오기, 선착장

일정 해설: 배에 자가용을 싣고(1만5천원) 와서 여행한다. 차례로 해변 드라이브를 하면서 텐트 칠 야영 장소를 고른다. 건어장해변까지 간 다음 되돌아가 야영한다. 둘째 날, 건어장해변의 카페에서 여유를 즐기고, 말문고개에서 국사봉 정상을 다녀온다. 고개에서 300m 거리.

국사봉 산행 정보 150m로 높이는 낮지만 능선이 선착장부터 가막머리 전망대까지 8km로 짧지 않다. 오르내림이 계속 이어져 만만하게 보면 어려울 수 있다. 짧은 산행을 원한다면 말문고개에서 정상을 다녀오는 단축 코스가 있다. 선착장에서 산행을 시작하여 서쪽 끝 가막머리까지 간 후 해안선을 따라 윤옥골로 와서 사면 숲길을 따라 건어장해변까지 오면 14km이다.

맛집 & 숙소(지역번호 032) 옹암해수욕장 앞에 식당이 밀집해 있다. 회덮밥, 낙지비빔밥, 소라비빔밥, 조개젓김밥.

고등어구이 등이 별미다. 장봉2리 창해호식당(752-3803)은 김치말이국수, 콩국수, 칼국수 전문. 건어장해변 버스 회차 지점 앞에 0415카페(0507-1335-2781)가 있다. 섬 곳곳에 펜션과 민박이 많다. 건어장해변 앞의 숙소가 조용하고 노을이 아름답다.

특산품 판매장 장봉선착장 배표 매표소 안에 특산품 판매장이 있다. 장봉도 주민들이 무공해로 생산한 특산품을 판매한다. 대리 판매 방식이며 10%를 매장에서 수수료를 떼는 방식이라 직거래와 큰 차이가 없다. 장봉도 특산품인 김, 도토리가루, 망둥이, 산양삼주, 오가피, 까나리액젓, 매실주, 어간장, 고추장, 고추장아찌, 바지락젓갈, 새우젓, 냉동게, 냉동자연산농어, 애호박 등 품목이 다양하며 제품마다

판매자 이름이 붙어 있어 믿을 수 있다.

배편 영종도 삼목여객터미널에서 신도와 장봉도를 순회하는 배편이 운항한다. 하루 13여회(07:10~20:10) 운항. 출발 5분 전 매표를 마감한다. 신분증 필수. 이용료 3,400원. 40분 소요. 승용차 편도 17,200원.

버스 선착장과 건어장해변을 오가는 버스가 하루 12회 운행한다. 선착장에서 아침 7시 45분에 버스가 출발하며, 이후 매시 45분 혹은 55분에 선착장에서 출발한다. 건어장 종점에서 매시 20분에 출발한다. 저녁 6시 20분 버스가 막차. 운행 횟수와 시간은 바뀔 수 있으므로 출발 전 확인해야 한다.

장봉도 등산지도

20 주문도 注文島

봉구산 147m(인천 강화군 서도면)
배편 강화도 선수선착장→ 주문도
　　　살곶이선착장
주의 사항 직항편과 돌아서 가는 배편 있어
매력 고요한 모래해변을 홀로 거니는
　　　편안함을 주문하고 싶다면 추천
추천 일정 1박 2일
산행 난이도 ★☆☆☆☆
(강화나들길12코스 변형 코스 추천)

11km
○--○
강화도 선수선착장　　40분 소요　　　주문도

고요해지고 싶다면 주문도

썰물이 되고 싶다. 모두가 밀물이 되고자 하는
세상, 슬그머니 그들 사이를 빠져나와 아무도
없는 어딘가로 흘러가고 싶다. 밀물처럼 밀려드는
출근 차량을 거슬러 강화도로 간다. 강화읍내로
가는 차들과 작별하고, 석모도로 가는 차들과
헤어지고, 마니산으로 가는 차까지 떠나보내고서야
선수포구에 닿았다.
선착장엔 공사 차량 몇 대뿐, 차가운 아침 바람만
부산을 떨고 있다. 빈 철부선이 어색하다. 덕적도나
굴업도 가는 철부선에 비하면 빈 배나 마찬가지다.
주문도 여행에는 정신과전문의 나해란 박사와
국악인 박자희 명창이 함께 한다.

정적이 짙게 내려앉은 차분한 섬

부드러운 첫 인상이다. 낮은 능선이 구름처럼
굴곡을 그리며 흘러간다. 마중 나온 이는 없다. 공사
차량과 트럭 몇 대가 30초도 되지 않아 사라지고,
살곶이(살꾸지)는 여백으로 가득하다. '곶'은 바다로
튀어나온 돌출된 곳을 뜻한다. '살'은 사이를 뜻하는
살間이 변한 것으로 강화도 사이의 돌출된 곳임을

감안하면, 예부터 바깥세상과 이 섬을 연결한 통로로
쓰였을 것으로 추측된다.
주문도는 '블랙야크 섬&산 100'에 속하지 않는다.
인증을 위해 찾는 여행객이 없는, 관광명소로는
무명에 가까운 섬인 것. 그래서인지 정적이 짙게
드리워 있어 사람을 차분히 가라앉히는 힘이 있다.
우리의 입도는 밀물에 실려 온 듯 자연스러웠다.

강화나들길 12코스를 걷다

강화 나들길 12코스인 주문도는 섬을 한 바퀴
둘러보는 11km의 걷기길이 있다. 그 길을 따라 섬에
스며들었다. 앞장술해변이 말수 적은 시골 여인처럼
다가와 있었다. 동쪽 해변은 앞장술, 서쪽 해변은
뒷장술인데, '장술'은 백사장이 워낙 길어 파도를
막아 주는 언덕 역할을 한다는 뜻이다.
나들길 12코스는 앞장술해변을 따르다 주문도리의
서도중앙교회로 이어진다. 바다 건너 석모도
해명산이 긴 능선을 드러내고 있다.
넓디넓은 갯벌에 아침 햇살이 감겨든다. 훅 풍겨
오는 평화로운 바다 비린내. 지평선 끝까지 드러나는
압도적인 쓸쓸함에, 여행자의 고독은 감히 견줄 수

없었다. 주문도 여인 앞장술이 문득 술상을 내어와 말 한마디 없이 낮술을 권할 것 같았다. 모래사장이 넓어 파도도 다가오지 못하는 해변을, 오전의 햇살이 끊임없이 쓸어 만지고 있었다.

유일한 카페의 온실 구경

마을로 들어서도 한적하긴 마찬가지다. 1905년에 지었다는 서도중앙교회. 조선시대 전통과 일본 방식이 섞인 건물에서 120여 년 전 혼란스러웠던 시대의 냄새가 남아 있다. 아직 원형 그대로 보전되어 있다는 게 놀랍다. 문을 열고 들어서자 마룻바닥에 방석이 깔린 예배 공간이 소박하다. 먼 섬에 뿌리내린 그 옛날 신앙의 깊이가 남아 있다. 주문도의 유일한 카페에서 커피를 주문했다. 주인 부부가 정성껏 키운 온실에는 바나나 나무며 열대 지방에서나 자랄 법한 식물이 가득해 작은 정글 같다. 잔디밭을 뛰노는 고양이 가족의 애교도 새벽부터 집을 나서 달려온 여행자의 빠른 속도를 내려놓기에 나쁘지 않다.

주인아주머니는 "지금 경운기 타고 갯벌에 나가야 조개를 캘 수 있는데"라며 물때를 일러주었으나, 지금은 커피 향과 배 드러내고 누운 고양이 위에 떨어지는 햇살로 만족스러웠다. 그동안 주문도를

찾은 여행객들은 갯벌에서 조개 캐는 것이 큰 즐거움이었던 것 같다.

봉화 올려 소식 전하던 봉구산

섬치곤 논이 넓다. 겨울 잠 자는 평범한 휴식기의 논 같은데 다가가면 철새들이 "푸드득" 소리를 내며 요란하게 날아올랐다. 그러고 보니 논 곳곳에 앉아 있는 철새 떼가 보였다. 갈색 깃털이 논바닥과 흡사해 날아오르는 걸 보고서야 구분이 되었다. 능선을 가로지르는 고개를 넘어서자 북쪽 마을 느리였다. 능선을 넘으며 여행 후반으로 접어드는 느낌이다.

봉구산은 147m로 낮지만 섬 최고봉이다. 이름에서 알 수 있듯 봉화를 올려 소식을 전하던 군사적 요충지로, 서도면의 여러 섬 중 최고봉이다. 고려 삼별초 항쟁 당시 봉화를 올려 소식을 전했다고 한다. 섬 이름은 임진왜란 때 임경업 장군이 명나라에 원병을 청하고자 배를 타고 길을 나섰는데, 폭풍으로 이 섬에 발이 묶여 인조에게 이 사실을 문서로 전했다고 해서 '아뢸 주奏'자를 써서 주문도奏文島로 쓰였다가, 세월이 흘러 지금의 주문도注文島가 됐다는 설이 있다.

걸음이 느려지는 곳, '느리'

'느리'는 북쪽 끝 선착장이다. 주차장엔 트럭 한 대만 있을 뿐 팔각정과 민박 간판이 덩그러니 남아 있었다. 2년 전 강화까지 40분 만에 닿는 배편이 남쪽 살곶이에 생기면서, 느리항은 고요해졌다. 여러 섬을 둘렀다가 마지막에 닿는 1시간 20분 걸리는 배편이 느리항을 기점으로 한다. 뭔가 느긋해진 듯 고요한 분위기다.

대빈창의 대단한 노을

나들길 12코스는 곧장 뒷장술해수욕장으로 가라 권하지만, 대빈창으로 갔다. 섬 내 유일한 캠핑장이

있는 노을 명소를 지나칠 순 없었다. 어느 해변이든 텐트를 치더라도 잔소리 할 성품의 주민들은 아닌 듯했으나, 캠핑장으로 정해진 곳에 텐트 치는 것이 예의일 터. 대빈창은 옛날 중국 사신이나 어부들이 뱃길을 오가며 쉬었다 가는 숙박촌이 있었다 하여 생긴 이름이다.

찻길을 따라 작은 고개를 넘어, 수확이 끝난 빈 논두렁을 지나자 소나무숲이 나왔다. 정갈한 소나무 숲을 지나자 곧장 모래해변이다. 해수욕장이란 말이 가장 잘 어울리는 해변이다. 대빈창이다. 우리를 기다렸다는 듯 바다에 조명이 켜졌다. 말수 적은 시골 여인이 붉은 얼굴을 하고선 천천히 다가왔다. 아름답다고 얘기하면 평범해질 것 같아 노을을 진득하게 음미하기로 했다. 캠핑 테이블과 의자를 바다 앞에 놓고, 자연이 들려주는 드라마를 보았다. 대사가 없어도 지루할 사이 없이 대빈창 노을은 금방 끝을 맺었다.

매점이나 식당 하나 없는 해변의 야영장에 텐트를 쳤다. 모처럼 맛보는 짙은 어둠이다. 원초적인 밤바다 곁에서 나는 시큼한 냄새가 왠지 푸근했다. 바람은 차가웠으나 날은 뭉툭했고, 파도는 쉼

없으나 거칠지 않다. 소나무 숲은 거대하지 않지만 푹신하다. 포장해 온 도시락과 과일은 푸짐하지 않지만 부족하지 않다.

뒷장술의 마술

새 소리가 햇살을 불러왔을까 착각이 들만큼 동시에 다가왔다. 신선한 햇살이 텐트를 관통한다. 침낭 밖으로 얼굴을 내밀자 입김이 모락모락 피어오르고, 파도 소리가 배경 음악처럼 깔린다. 대빈창의 화장기 없는 아침. 바다는 어제보다 더 평온하고 아늑하다. 관광객 한 명 오지 않는 바다 앞에 멍하니 앉아 있으면, 마음 깊은 곳의 상처도 저절로 빠져나와 바다로 흘러갈 것 같다.

텐트를 정리하고 어제의 카페에서 커피와 샌드위치로 요기를 하자, 여행의 만족도가 차오른다. 허기는 면해야 몸도 마음도 풍경을 받아들인다. 여정의 마지막 뒷장술해변이다. 이름처럼 뒤에 숨겨둔 갯벌이다. 갈치 비늘처럼 은빛으로 반짝이는 막막하도록 넓은 해변이 펼쳐져 있었다. 바다를 향해 걷는 두 사람이 햇살 속에 사라지는 것만 같다. 뒷장술의 마술이다.

모래 해변 아름다운 명섬, 대빈창해수욕장

가는 길: 살곶이 선착장에서 찻길로 5km, 서쪽 해안선
도보 4km

모래해변 길이: 1.4km

조수 간만 차이: 심함. 드넓은 갯벌.

화장실 유무: 있음

편의점 및 식당 유무: 해변 부근은 없음. 최소 1km 거리에
식당과 슈퍼.

야영장: 소나무숲 노지 야영. 여름 성수기에만 마을에서
징수.

매력: BAC섬산100에 포함되지 않아 조용한 편, 길고 긴
해변의 고요, 별 보기 좋음.

백패킹 명섬, 주문도

인기 야영터: 대빈창해수욕장

가는 길: 살곶이 선착장에서 찻길로 가거나, 서쪽
해안선따라 걷는 방법(썰물시)이 있다. 걷기길이 1km
짧지만, 도착 시간은 비슷하다.

주의 사항: 해변에는 화장실을 제외한 편의 시설이 없다.
가까운 마트는 1km 떨어진 느리선착장에 있다.

매력: 노을빛이 고운 알려지지 않은 해변.

1박 2일 여행 명섬 주문도

추천 일정 1일차: 뒷장술해변, 대빈창해변 백패킹

추천 일정 2일차: 대빈창해변 여유 즐기기, 카페 샌드위치,
앞장술해변, 선착장

당일치기 여행 명섬, 주문도

도보 추천 코스, 강화 나들길2코스: 변형 코스로 가는
것이 낫다. 뒷장술해변을 지나 산으로 올라선 후, 다시

해변으로 내려서면 대빈창해변이다. 나들길 안내도에 점선으로 표시된 변형코스이다. 12km이며 이정표나 표지기가 드물어, 지도앱을 통해 위치를 확인하며 걸어야 한다.

맛집 & 숙박 2곳에 마을이 나뉘어 있다. 섬 가운데의 주문1리, 북쪽 선착장 부근 면사무소가 있는 느리. 주문1리에 섬 유일한 카페인 바다카페(010-8258-5677)가 있다. 샌드위치 같은 음식은 예약하는 것이 좋다. 주문1리 해돋이식당(0507-1373-3898)은 백반과 꽃게탕, 생선매운탕이 가능하다. 숙소는 민박과 펜션이 여럿 있다. 숙소에서 식사 가능한 곳도 있다. 주문1리에 하나로마트가 있다. 작은 슈퍼이다. 느리 선착장 앞에

주문도마트&민박(0507-1314-8434)이 있으며, 컵라면과 커피, 치킨도 판매하다. 치킨 배달 가능.

배편 배편이 복잡하다. 인터넷에서 정확한 정보를 얻기 어렵고, 계절마다 배편과 시간이 바뀌므로, 출발 전 전화로 확인해야 한다. 주문도는 선착장이 두 곳 있는데, 육지와 가까운 남쪽의 살곶이선착장과 북쪽의 느리선착장이다. 삼보해운의 차도선은 살곶이선착장으로 바로 가는 배편과 불음도와 아차도를 순회하여 느리선착장에 오는 배편이 있다. 살곶이 직항은 40분 정도 걸리며, 불음도를 순회하는 느리 배편은 1시간 20분 정도 걸린다. 동계 배편 기준 살곶이 직항은 하루 3회(07:50, 10:30, 15:20), 불음도 순회 느리행은 하루 2회(09:20, 15:10) 운항한다.

주문도 등산지도

인천 섬 여행에 유용한 사이트

인천광역시 섬발전지원센터가 제공하는 인천 섬 정보
https://www.iisland.or.kr

가보고 싶은 섬: 배표 예약 간단히, 할인 혜택도 한 눈에
https://island.haewoon.co.kr

인천 섬 포털에서 제공하는 섬 정보
https://isum.incheon.go.kr/index.do

국립해양조사원: 해양수산부가 제공하는 스마트 조석예보
https://www.khoa.go.kr/swtc/mobile.do#thirdFloor

감성과 정보를 한 권에 담은

인천
섬산
20

초판 1쇄 발행 2024년 12월 24일
지은이 신준범

발행인 이동한
편집장 이재진
마케팅 박미선(부국장), 조성환, 박경민
제작관리 이성훈(부장), 이세정
사진 주민욱, 민미정, 이신영
디자인 윤범식

발행 ㈜조선뉴스프레스 월간山
등록 2001년 1월 9일 제301-2001-037호
주소 서울 마포구 상암산로34 디지털큐브 13층
구입 문의 02-724-6796, 6797